教養の数学

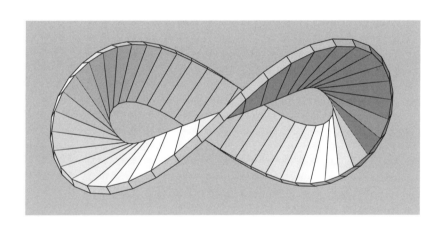

「教養の数学」編集委員会 編

学術図書出版社

まえがき

　今日の大学では，工学分野にとどまらず，文系と考えられた分野においても，飛躍的に計算処理能力が向上したコンピューターを用いて，複雑な数式処理をしてモデルに対する理論を予測するとか，大規模なデータ処理によって統計的推測を行なうことなどが一般的な研究の仕方となってきました．しかし，コンピューターが計算している数式が表すもの，統計処理された結果が意味するものを正しく理解するためにはこれまで以上に「数学」が必要となります．したがって，これから大学で学ぼうとする諸君は，専門学部・学科を問わずに数学に対する一定程度の素養（いわゆる，数学的リテラシー）を備えていることが望まれます．そこで，大学生，なかでも工学系大学生としての教養ともいえる数学の基本的事項を習得してもらうために本書を企画執筆しました．

　本書の内容は次のとおりです．まず数学全般の基礎となる「式の計算」から始まり，関数としては「2次関数，三角関数，指数関数，対数関数」を取り上げ，定義，計算法則，公式などを見直し，これらの「微分，積分」までを扱いますが，ここまでは皆さんが必ず理解しておかなければいけない分野です．ここから先は少し進んだ分野として，工学部，特に電気関係の学科では必ず必要となる「複素数と複素平面」，大学で学習する線形代数の準備ともいえる「ベクトル，空間座標」，無限の意味とも関連する「級数」，数学にとどまらず数理的な議論の基礎となる「集合と論理」を扱っていますから，適宜選択して学習することも可能です．

　本書は大学初年度の半期用テキストまたは自習書として利用されることを想定しています．そのために，各分野ごとに用語の意味（定義），基本事項を簡潔に導入し，公式などはきちんと証明することによってというよりもそれらを用いた数値計算に慣れることによって内容を理解してもらうという方針で編集されています．具体的には，基本的な性質，計算法に関する説明に続いて「例題」を用意し，解答を丁寧に説明したあとで，同様の内容の「問」を考えてもらうようになっていますので，それらの「問」を独力で解く努力をするならば，必ず大学生にふさわしい教養としての数学を自分のものとすることができます．それを信じて，講義を受けるときでも自習するときでも，まじめに取り組んでください．

ここで，本書が生まれた事情を少し説明しておきたいと思います．われわれが所属する千葉工業大学では，今日の工業大学にふさわしい教養教育のために「教養の数学」を開講することになりました．その教育のために，昨今のゆとり教育以前から始まっている世の中全体の数学の学力低下をまさに痛感させられている数学教室所属教員全員で「工学系大学に入学した学生として望まれる数学的素養とはなにか？」ということに関して長い時間にわたって話し合ったあとで，取り上げる分野とその取り扱い方を決め，分担して草稿を書き，何度かにわたって互いに検討し修正を加えて，やっとまとめあげたのが本書です．設定した難しい問いへの答えとしてはまだまだ不十分なところもありますが，その最初の一歩とお考えいただき，いたらない点を御指摘くださるようにお願いする次第です．

2006年3月

「教養の数学」編集委員一同

目 次

第 1 章 式の計算 1
   1.1 整式の展開 1
   1.2 整式の除法 2
   1.3 因数分解 3
   1.4 分数式の計算 6
   1.5 部分分数分解 9

第 2 章 2 次関数とその応用 13
   2.1 2 次関数とグラフ 13
   2.2 2 次方程式 15
   2.3 2 次不等式への応用 17

第 3 章 三角関数 19
   3.1 弧度法と一般角 19
   3.2 三角関数 21
   3.3 三角関数の性質 25
   3.4 三角関数のグラフ 26
   3.5 加法定理とその応用 29
   3.6 三角関数の合成 32

第 4 章 指数関数・対数関数 34
   4.1 累乗と指数 34
   4.2 指数関数 37
   4.3 対数 38
   4.4 対数関数 43

第 5 章 微分 45
   5.1 導関数 45
   5.2 関数の極値・増減とグラフ 49
   5.3 その他の関数の導関数 52
   5.4 積, 商の微分法 54
   5.5 合成関数の微分法 55

第6章 積分 57

6.1 不定積分 57

6.2 定積分 62

6.3 定積分と面積 65

6.4 部分積分法と置換積分法 70

第7章 複素数 76

7.1 複素数の計算 76

7.2 複素平面 80

第8章 ベクトル 89

8.1 ベクトルの加法・減法・実数倍 89

8.2 ベクトルの成分 93

8.3 ベクトルの内積 94

第9章 空間における直線，平面の方程式 99

9.1 空間の座標 99

9.2 空間ベクトル 100

9.3 空間における直線の方程式 101

9.4 空間における平面の方程式 103

9.5 ベクトルの外積 106

第10章 数列と無限級数 109

10.1 数列の極限 109

10.2 等比数列の極限 111

10.3 無限級数 112

10.4 無限等比級数 114

10.5 種々の無限級数 116

第11章 集合と論理 118

11.1 集合 118

11.2 論理 123

演習問題解答 134

索引 151

1

式 の 計 算

1.1 整式の展開

文字や数に，足し算，引き算，掛け算を何回か組み合わせてできる式を整式という．

整式のカッコを外すことを**展開**という．展開の基本は次の**分配法則**である．

分配法則

$$a(b+c) = ab + ac, \qquad (a+b)c = ac + bc$$

分配法則を繰り返し使えばどんな式でも展開できるが，次にあげる公式を覚えれば計算が簡単にできる．

展開公式 1

$$(x+a)(x-a) = x^2 - a^2$$

$$(x+a)(x+b) = x^2 + (a+b)x + ab$$

$$(ax+b)(cx+d) = acx^2 + (ad+bc)x + bd$$

展開公式 2

$$(a+b)^2 = a^2 + 2ab + b^2$$

$$(a-b)^2 = a^2 - 2ab + b^2$$

$$(a+b)^3 = a^3 + 3a^2b + 3ab^2 + b^3$$

$$(a-b)^3 = a^3 - 3a^2b + 3ab^2 - b^3$$

2　第 1 章　式の計算

例題 1.1

展開公式を用いて，次の式を展開せよ．

(1)　$(x+2)(x-2)$　　(2)　$(a+3)(a-5)$　　(3)　$(x+2)(2x-1)$

(4)　$(2t+1)^2$　　　　(5)　$(3x-5)^3$

解答

(1)　$(x+2)(x-2) = x^2 - 2^2 = x^2 - 4$

(2)　$(a+3)(a-5) = a^2 + (3-5)a + 3 \cdot (-5) = a^2 - 2a - 15$

(3)　$(x+2)(2x-1) = 1 \cdot 2x^2 + \{1 \cdot (-1) + 2 \cdot 2\}x + 2 \cdot (-1)$
$$= 2x^2 + 3x - 2$$

(4)　$(2t+1)^2 = (2t)^2 + 2 \cdot 2t \cdot 1 + 1^2 = 4t^2 + 4t + 1$

(5)　$(3x-5)^3 = (3x)^3 - 3 \cdot (3x)^2 \cdot 5 + 3 \cdot 3x \cdot 5^2 - 5^3$
$$= 27x^3 - 135x^2 + 225x - 125$$

問 1.1　展開公式を用いて，次の式を展開せよ．

(1)　$(x+3)(x-3)$　　(2)　$(2a-1)(2a+1)$　　(3)　$(x+1)(x+2)$

(4)　$(x-4)(x+5)$　　(5)　$(3s+2)(s-5)$　　(6)　$(2x+1)(4x-3)$

(7)　$(x+3a)^2$　　　　(8)　$(3x+2)^2$　　　　(9)　$(2x-1)^2$

(10)　$(5x-4)^2$　　　(11)　$\left(\dfrac{p}{2}-5\right)^2$　　　(12)　$(x+2y)^3$

(13)　$(2z+1)^3$　　　(14)　$(3x-1)^3$　　　(15)　$(2x-3)^3$

(16)　$(a+b+c)^3$

〔ヒント〕　(16) $A = a+b$ とおく．

1.2　整式の除法

例題 1.2

$2x^4 + 3x^3 + 8x - 1$ を $x^2 - x + 3$ で割った商と余りを求めよ．

解答　割る式と割られる式を整数の割り算と同様に配置してとりかかる．また，ある次数の項がなければ，その場所をあけておくとよい．

$$
\begin{array}{r}
2x^2 \quad +5x \quad -1 \\
x^2 -x +3 \,) \overline{\, 2x^4 +3x^3 \qquad +8x -1 \,} \\
\underline{2x^4 -2x^3 +6x^2 \qquad} \quad \cdots (x^2-x+3)\times 2x^2 \\
5x^3 -6x^2 +8x \\
\underline{5x^3 -5x^2 +15x \qquad} \quad \cdots (x^2-x+3)\times 5x \\
-x^2 -7x -1 \\
\underline{-x^2 \quad +x -3 \quad} \quad \cdots (x^2-x+3)\times(-1) \\
-8x +2
\end{array}
$$

ここで残った式 $-8x+2$ を，それより**次数の高い式** x^2-x+3 でさらに**割**ることはできないので，以上で計算終了．よって，商は $2x^2+5x-1$，余りは $-8x+2$ である．

> **問 1.2a**　次の割り算について，商と余りを求めよ.
>
> (1)　$(x^3-x^2+x)\div(-x+1)$
>
> (2)　$(4x^3-6x^2+x+3)\div(2x^2+x+1)$
>
> (3)　$(2x^4+3x^3-5x^2-6x+2)\div(x^2-x-3)$
>
> (4)　$(8x^4-1)\div(2x+1)$

整式の割り算について，次の性質が成り立つ.

> **商と余りの関係**
>
> 整式 $A(x)$ を $B(x)$ で割った商を $Q(x)$，余りを $R(x)$ とすると，
>
> $$A(x)=B(x)Q(x)+R(x)$$
>
> が成り立つ. ただし，余り $R(x)$ の次数は割る式 $B(x)$ の次数より常に小さい. 特に，余り $R(x)$ が 0 ならば
>
> $$A(x)=B(x)Q(x)$$
>
> であり，このとき $A(x)$ は $B(x)$ で**割り切れる**という.

> **問 1.2b**　問 1.2a において，上記の商と余りの関係が成立することを確かめよ.

1.3　因数分解

整式をいくつかの整式の積で表すことを**因数分解**という. 次の公式は必ず覚えておこう.

4　第 1 章　式の計算

因数分解の公式

$$(1) \quad x^2 - y^2 = (x + y)(x - y)$$

$$(2) \quad x^3 + y^3 = (x + y)(x^2 - xy + y^2)$$

$$(3) \quad x^3 - y^3 = (x - y)(x^2 + xy + y^2)$$

$$(4) \quad x^2 + (a + b)x + ab = (x + a)(x + b)$$

例題 1.3

次の式を因数分解せよ.

$$(1) \quad 4x^2 - 9y^2 \qquad (2) \quad x^2 + 5x + 6 \qquad (3) \quad x^6 - y^6$$

解答

(1) 因数分解の公式 (1) より

$$4x^2 - 9y^2 = (2x)^2 - (3y)^2 = (2x + 3y)(2x - 3y).$$

(2) 因数分解の公式 (4) を用いる. $(x + a)(x + b)$ の形に因数分解されるとすると

$$x^2 + 5x + 6 = x^2 + (a + b)x + ab$$

$ab = 6$ について 1×6, $(-1) \times (-6)$, 2×3, または $(-2) \times (-3)$ などの候補がある. この中から $a + b = 5$ をみたすものを探すと, $a = 2$, $b = 3$ または $a = 3$, $b = 2$ が条件に当てはまる. よって,

$$x^2 + 5x + 6 = (x + 2)(x + 3).$$

(3) $x^6 = (x^3)^2$, $y^6 = (y^3)^2$ だから, $x^3 = X$, $y^3 = Y$ とおくと $x^6 - y^6 = X^2 - Y^2$ となり,

$$\begin{aligned}
x^6 - y^6 &= (x^3)^2 - (y^3)^2 \\
&= (x^3 + y^3)(x^3 - y^3) \\
&= (x + y)(x^2 - xy + y^2)(x - y)(x^2 + xy + y^2) \\
&= (x + y)(x - y)(x^2 + xy + y^2)(x^2 - xy + y^2).
\end{aligned}$$

問 1.3　次の式を因数分解せよ.

$(1)\quad x^2 - 9 \qquad (2)\quad x^2 - 4y^2 \qquad (3)\quad 49x^2 - 1$

$(4)\quad 25x^2 - 36 \qquad (5)\quad x^2 + 5x + 4 \qquad (6)\quad x^2 - x - 6$

$(7)\quad x^2 + 4x + 4 \qquad (8)\quad x^2 - 6x + 9 \qquad (9)\quad x^3 - 1$

$(10)\quad x^3 - 27y^3 \qquad (11)\quad x^3 + 1 \qquad (12)\quad x^3 + 8y^3$

$(13)\quad x^4 - y^4 \qquad (14)\quad x^4 - 13x^2 + 36 \qquad (15)\quad x^4 + 4x^2 - 5$

> **因数分解の公式**
>
> $$(5) \quad acx^2 + (ad+bc)x + bd = (ax+b)(cx+d)$$

例題 1.4

$2x^2 + 5x - 3$ を因数分解せよ.

解答 x^2 の係数が 2 であることから

$$2x^2 + 5x - 3 = (x+b)(2x+d)\,(= 2x^2 + (2b+d)x + bd)$$

と因数分解されるとして, 係数の関係を次のたすき掛けの図式で考える.

与式と比較して $2b+d = 5$, $bd = -3$ となるものを探す. 下にあるように掛けて -3 になるように b, d を決め, 右の列に出てくる数値を足して 5 になれば正答となる. いろいろとやってみれば $b \times d = 3 \times (-1)$ が解であるとわかる:

$$
\begin{array}{ccccc}
1 & & b & \longrightarrow & 2b \\
2 & \times & d & \longrightarrow & d \\
\hline
2 & & -3 & & 5
\end{array}
\qquad
\begin{array}{ccccc}
1 & & \mathbf{3} & \longrightarrow & \mathbf{6} \\
2 & \times & \mathbf{-1} & \longrightarrow & \mathbf{-1} \\
\hline
2 & & -3 & & 5
\end{array}
$$

したがって, $2x^2 + 5x - 3 = (x+3)(2x-1)$ である.

問 1.4 次の式を因数分解せよ.

(1) $2x^2 + 5x + 3$ (2) $2x^2 - x - 1$ (3) $5x^2 + 11x + 2$

(4) $3x^2 + 11x - 4$ (5) $3x^2 - 4x - 4$ (6) $6x^2 - 7x - 20$

因数分解するときには, 次の因数定理も役に立つ.

> **因数定理**
> 整式 $f(x)$ に $x = a$ を代入したとき $f(a) = 0$ となるならば, $f(x)$ は $x - a$ で割り切れる.

証明 p.3 の「商と余りの関係」を使う. $f(x)$ を 1 次式 $x-a$ で割った余りは定数だから $f(x) = (x-a)Q(x) + r$ (r は定数) が成り立つ. よって, $f(a) = r = 0$ より $f(x) = (x-a)Q(x)$ となり, $f(x)$ は $x-a$ で割り切れる.

なお因数定理における a の値の見つけ方に関しては, 次の事実が知られている. 最高次の係数を b, 定数項を c とするとき

$$(a\text{ の値の候補}) = \pm \frac{|c| \text{ の約数}}{|b| \text{ の約数}}$$

6   第1章　式の計算

例題 1.5

次の式を因数分解せよ.

(1)　$x^3 + 2x^2 - 5x - 6$ 　　　　(2)　$x^3 - 3x^2 + 6x - 4$

解答

(1)　$f(x) = x^3 + 2x^2 - 5x - 6$ とおくと

$$f(-1) = (-1)^3 + 2 \cdot (-1)^2 - 5 \cdot (-1) - 6 = 0$$

であるから, まず $f(x)$ は $x - (-1) = x + 1$ で割り切れる.

$(x^3 + 2x^2 - 5x - 6)$ を $(x + 1)$ で割ると

$$x^3 + 2x^2 - 5x - 6 = (x + 1)(x^2 + x - 6).$$

さらに $x^2 + x - 6$ の部分も因数分解して

$$x^3 + 2x^2 - 5x - 6 = (x + 1)(x - 2)(x + 3).$$

(2)　$f(x) = x^3 - 3x^2 + 6x - 4$ とおくと, $f(1) = 0$ だから $f(x)$ は $x - 1$ で割り切れる. $(x^3 - 3x^2 + 6x - 4)$ を $(x - 1)$ で割ると,

$$x^3 - 3x^2 + 6x - 4 = (x - 1)(x^2 - 2x + 4).$$

なお, $(x^2 - 2x + 4)$ は実数の範囲ではこれ以上因数分解できない.

問 1.5　次の式を因数分解せよ.

(1)　$x^3 - 7x + 6$ 　　　　　　　(2)　$x^3 + x^2 - 5x + 3$

(3)　$x^3 - 5x^2 + 2x + 8$ 　　　　(4)　$2x^3 + 3x^2 - 1$

(5)　$2x^3 - 3x^2 + 2x - 1$ 　　　　(6)　$x^4 + 2x^3 - 3x^2 - 8x - 4$

1.4　分数式の計算

$\dfrac{整式}{整式}$ の形の式を**分数式**または**有理式**と呼ぶ. 分数式の計算の基本は,

分子, 分母に同じ式（または数）を掛ける

分子, 分母を同じ式（または数）で割る

ことであり, 通分, 約分, 四則計算などが数と同じようにできる. 分子, 分母がそれ以上約分できない分数式のことを**既約な分数式**という.

例題 1.6

分数式 $\dfrac{x^2 - 16}{x^2 + 2x - 8}$ を約分して既約な分数式になおせ.

解答
$$\frac{x^2 - 16}{x^2 + 2x - 8} = \frac{(x+4)(x-4)}{(x-2)(x+4)} = \frac{x-4}{x-2}.$$

⚠ たとえば，$\dfrac{x-4}{x-2}$ において，数だけに着目して 4 と 2 を約分して $\dfrac{x-4}{x-2} = \dfrac{x-2}{x-1}$ などとしてはいけない．また，分母，分子に，同じ数を足したり引いたりして $\dfrac{x+1}{x^2+1} = \dfrac{x}{x^2} = \dfrac{1}{x}$ などとしてはいけない．

問 1.6 次の分数式を約分して既約な分数式になおせ．

(1) $\dfrac{x^2 - 3x + 2}{x - 2}$ (2) $\dfrac{x^2 - x - 2}{x^2 - 4}$ (3) $\dfrac{x^2 - x - 12}{x^2 + 2x - 3}$

─ 例題 1.7 ─

次の式を通分せよ．
(1) $\dfrac{1}{x-1} - \dfrac{1}{x+1}$ (2) $\dfrac{x+1}{x(x+2)} + \dfrac{1}{x(x-2)}$ (3) $x + \dfrac{2}{x-1}$

解答

(1) 分子，分母に同じ式を掛けることにより，共通の分母をつくり通分する．
$$\frac{1}{x-1} - \frac{1}{x+1} = \frac{x+1}{(x-1)(x+1)} - \frac{x-1}{(x-1)(x+1)}$$
$$= \frac{(x+1) - (x-1)}{(x-1)(x+1)} = \frac{2}{(x-1)(x+1)}.$$
このように，2 つの項の分母に共通の因数が 1 つもないときには，
$$\frac{A}{P} + \frac{B}{Q} = \frac{AQ + BP}{PQ}$$
のように考えると計算がはやい．つまり，
$$\frac{1}{x-1} - \frac{1}{x+1} = \frac{1 \times (x+1) - 1 \times (x-1)}{(x-1)(x+1)} = \frac{2}{(x-1)(x+1)}.$$

(2) 2 つの項の分母には，すでに共通の因数 x があることに気をつけて共通の分母をつくる．
$$\frac{x+1}{x(x+2)} + \frac{1}{x(x-2)} = \frac{(x+1)(x-2)}{x(x+2)(x-2)} + \frac{x+2}{x(x+2)(x-2)}$$
$$= \frac{(x+1)(x-2) + x + 2}{x(x+2)(x-2)}$$
$$= \frac{x^2}{x(x+2)(x-2)} = \frac{x}{(x+2)(x-2)}.$$

(3) 同じ分母をもつ分数式になるよう，第 1 項の分子，分母に $(x-1)$ を掛ける．つまり
$$x + \frac{2}{x-1} = \frac{x(x-1)}{x-1} + \frac{2}{x-1} = \frac{x(x-1) + 2}{x-1} = \frac{x^2 - x + 2}{x-1}.$$

8　第 1 章　式の計算

問 1.7　次の式を通分せよ.

(1)　$\dfrac{1}{x-2} + \dfrac{1}{x+2}$

(2)　$\dfrac{x-4}{x-5} - \dfrac{x-3}{x-4}$

(3)　$\dfrac{1}{x(x-1)} + \dfrac{1}{x}$

(4)　$\dfrac{x}{(x-1)^2} - \dfrac{1}{x-1}$

(5)　$\dfrac{1}{x(x-1)} - \dfrac{1}{x(x+1)}$

(6)　$\dfrac{x+9}{x(x-3)} - \dfrac{8}{(x-1)(x-3)}$

(7)　$3 + \dfrac{1}{x+1}$

(8)　$x + 1 - \dfrac{1}{x}$

(9)　$1 - \dfrac{x^2-2x-8}{x^2-x-6}$

(10)　$\dfrac{1}{x(x-1)} - \dfrac{1}{x} + \dfrac{1}{x-1}$

(11)　$1 - \dfrac{1}{x} + \dfrac{x+1}{x^2}$

(12)　$\dfrac{1}{x} - \dfrac{1}{x^2} - \dfrac{x-1}{x(x+1)}$

例題 1.8

次の式を簡単にせよ.

(1)　$\dfrac{3x}{\dfrac{x}{3}}$

(2)　$\dfrac{1 + \dfrac{1}{x}}{x+1}$

(3)　$\dfrac{1 + \dfrac{x+1}{x-1}}{1 - \dfrac{x+1}{x-1}}$

解答　分子, 分母に同じ式を掛けるという原則で変形する.

(1)　$\dfrac{3x}{\dfrac{x}{3}} = \dfrac{3x \times 3}{\dfrac{x}{3} \times 3} = \dfrac{9x}{x} = 9$

(2)　$\dfrac{1 + \dfrac{1}{x}}{x+1} = \dfrac{\left(1 + \dfrac{1}{x}\right) \times x}{(x+1) \times x} = \dfrac{x+1}{x(x+1)} = \dfrac{1}{x}$

(3)　$\dfrac{1 + \dfrac{x+1}{x-1}}{1 - \dfrac{x+1}{x-1}} = \dfrac{\left(1 + \dfrac{x+1}{x-1}\right) \times (x-1)}{\left(1 - \dfrac{x+1}{x-1}\right) \times (x-1)} = \dfrac{x-1+x+1}{x-1-(x+1)}$

$$= \dfrac{2x}{-2} = -x$$

問 1.8　次の式を簡単にせよ.

(1)　$\dfrac{\dfrac{x}{2}}{2x}$

(2)　$\dfrac{1}{\dfrac{1}{x+1}}$

(3)　$\dfrac{\dfrac{1}{2x}}{\dfrac{1}{x}}$

(4)　$\dfrac{1 - \dfrac{x-1}{x+1}}{1 + \dfrac{x-1}{x+1}}$

(5)　$\dfrac{\dfrac{2(x+1)}{x+1}}{2x}$

(6)　$\dfrac{x - \dfrac{1}{x}}{1 + \dfrac{1}{x}}$

$$(7) \quad 1 - \cfrac{1}{1 - \cfrac{1}{x}} \qquad\qquad (8) \quad \cfrac{\cfrac{1}{x} - \cfrac{1}{3}}{x - 3} \qquad (9) \quad \cfrac{\cfrac{1}{x+1} - 1}{x}$$

$$(10) \quad \cfrac{\cfrac{1}{x+1}}{x} + \frac{1}{x+1}$$

1.5　部分分数分解

例題 1.7 (1) で

$$\frac{1}{x-1} - \frac{1}{x+1} = \frac{2}{(x-1)(x+1)} = \frac{2}{x^2-1}$$

であることを示したが, ここでは逆に, 分数式 $\dfrac{2}{x^2-1}$ が与えられたとき, これを分母の因数分解に従って

$$\frac{1}{x-1} - \frac{1}{x+1}$$

のように分解することを考える.

例題 1.9

次の等式をみたす定数 A, B を求めよ.

$$\frac{3x-7}{(x-2)(x-3)} = \frac{A}{x-2} + \frac{B}{x-3} \qquad (*)$$

解答　右辺を通分すると

$$\frac{A}{x-2} + \frac{B}{x-3} = \frac{A(x-3)+B(x-2)}{(x-2)(x-3)} = \frac{(A+B)x - 3A - 2B}{(x-2)(x-3)}$$

であるから, $(*)$ の左辺の分子と比べて

$$\begin{cases} A+B = 3 \\ -3A - 2B = -7 \end{cases}$$

となる. この連立 1 次方程式を解くと, $A=1$, $B=2$ である. したがって,

$$\frac{3x-7}{(x-2)(x-3)} = \frac{1}{x-2} + \frac{2}{x-3}$$

と分解される.

次のようにして求めることもできる.

　別解　$(*)$ の両辺に $(x-2)(x-3)$ を掛けて分母を払うと

$$3x - 7 = A(x-3) + B(x-2).$$

これは, どのような x の値に対しても成り立つので $x=2$ を代入すると

$$-1 = A \cdot (-1) + B \cdot 0 \quad \text{すなわち} \quad A = 1.$$

10   第1章 式の計算

また，$x = 3$ を代入することにより

$$2 = A \cdot 0 + B \cdot 1 \quad \text{すなわち} \quad B = 2.$$

問 1.9 次の等式をみたす定数 A, B, C をそれぞれ求めよ．

(1) $\dfrac{12}{x^2 - 4} = \dfrac{A}{x - 2} + \dfrac{B}{x + 2}$ (2) $\dfrac{x + 6}{x^2 + 2x} = \dfrac{A}{x} + \dfrac{B}{x + 2}$

(3) $\dfrac{x - 5}{(x - 1)(x - 2)(x - 3)} = \dfrac{A}{x - 1} + \dfrac{B}{x - 2} + \dfrac{C}{x - 3}$

例題 1.10

次の等式をみたす定数 A, B, C を求めよ．

$$\frac{x^2 + 7x + 13}{(x + 2)(x + 3)^2} = \frac{A}{x + 2} + \frac{B}{(x + 3)^2} + \frac{C}{x + 3}$$

解答 右辺を通分すると

$$\frac{A}{x + 2} + \frac{B}{(x + 3)^2} + \frac{C}{x + 3} = \frac{A(x + 3)^2 + B(x + 2) + C(x + 2)(x + 3)}{(x + 2)(x + 3)^2}$$

$$= \frac{(A + C)x^2 + (6A + B + 5C)x + 9A + 2B + 6C}{(x + 2)(x + 3)^2}$$

であるから

$$\begin{cases} A + C = 1 \\ 6A + B + 5C = 7 \\ 9A + 2B + 6C = 13 \end{cases}$$

より，$A = 3, B = -1, C = -2$ である．したがって

$$\frac{x^2 + 7x + 13}{(x + 2)(x + 3)^2} = \frac{3}{x + 2} - \frac{1}{(x + 3)^2} - \frac{2}{x + 3}$$

と分解される．

$\boxed{!}$ 右辺を通分するのに，3つの項の分母をすべて掛けて

$$\frac{A(x + 3)^2(x + 3) + B(x + 2)(x + 3) + C(x + 2)(x + 3)^2}{(x + 2) \cdot (x + 3)^2 \cdot (x + 3)}$$

としてはいけない．分母が左辺と同じでなければ，分子を比べることができない．

別解 等式の両辺に $(x + 2)(x + 3)^2$ を掛けて分母を払うと

$$x^2 + 7x + 13 = A(x + 3)^2 + B(x + 2) + C(x + 2)(x + 3). \tag{$*$}$$

これは，どのような x の値に対しても成り立つ x の恒等式であるから，$x = -2$ を代入すると

$$4 - 14 + 13 = A \cdot 1 + B \cdot 0 + C \cdot 0 \cdot 1 \quad \text{すなわち} \quad A = 3.$$

また，$x = -3$ を代入することにより

$$9 - 21 + 13 = A \cdot 0 + B \cdot (-1) + C \cdot 0 \quad \text{すなわち} \quad B = -1.$$

次に (∗) の右辺に代入すべき x の値としてはまだ代入していない値であれば何
を代入してもよく，例えば $x = 0$ を代入すると

$$13 \ = \ A \cdot 9 + B \cdot 2 + C \cdot 6$$

$$13 \ = \ 3 \cdot 9 + (-1) \cdot 2 + 6C \quad これを解いて \quad C = -2.$$

> **問 1.10** 次の等式をみたす定数 A, B, C, D をそれぞれ求めよ．
>
> (1) $\dfrac{2x^2 - x + 2}{x^2(x+1)} = \dfrac{A}{x^2} + \dfrac{B}{x} + \dfrac{C}{x+1}$
>
> (2) $\dfrac{x-1}{(x-3)^2(x-2)} = \dfrac{A}{(x-3)^2} + \dfrac{B}{x-3} + \dfrac{C}{x-2}$
>
> (3) $\dfrac{3x^3 - 5x^2 + 1}{x^2(x-1)^2} = \dfrac{A}{x^2} + \dfrac{B}{x} + \dfrac{C}{(x-1)^2} + \dfrac{D}{x-1}$
>
> (4) $\dfrac{x^2}{(x+2)^3} = \dfrac{A}{(x+2)^3} + \dfrac{B}{(x+2)^2} + \dfrac{C}{x+2}$

例題 1.11

次の等式をみたす定数 A, B, C を求めよ．
$$\frac{3x^2 + 5x + 4}{(x+1)(x^2+1)} = \frac{A}{x+1} + \frac{Bx + C}{x^2 + 1}$$

解答 右辺を通分すると

$$\frac{A}{x+1} + \frac{Bx+C}{x^2+1} = \frac{A(x^2+1) + (Bx+C)(x+1)}{(x+1)(x^2+1)}$$
$$= \frac{(A+B)x^2 + (B+C)x + A + C}{(x+1)(x^2+1)}$$

であるから

$$\begin{cases} A + B = 3 \\ B + C = 5 \\ A + C = 4 \end{cases}$$

より，$A = 1, B = 2, C = 3$ である．したがって

$$\frac{3x^2 + 5x + 4}{(x+1)(x^2+1)} = \frac{1}{x+1} + \frac{2x+3}{x^2+1}$$

と分解される．

別解 等式の両辺に $(x+1)(x^2+1)$ を掛けて分母を払うと

$$3x^2 + 5x + 4 = A(x^2 + 1) + (Bx + C)(x+1). \tag{∗}$$

これは，どのような x の値に対しても成り立つ x の恒等式であるから，$x = -1$
を代入して

$$3 - 5 + 4 = A \cdot 2 + (B \cdot (-1) + C) \cdot 0 \quad すなわち \quad A = 1.$$

12   第1章　式の計算

次に $(*)$ に例えば $x = 0$ を代入して

$$4 \;=\; A \cdot 1 + (B \cdot 0 + C) \cdot 1$$

$$4 \;=\; 1 \cdot 1 + C \cdot 1 \quad \text{すなわち} \quad C = 3.$$

最後に $(*)$ に例えば $x = 1$ を代入して

$$3 + 5 + 4 \;=\; A \cdot 2 + (B + C) \cdot 2$$

$$12 \;=\; 2 + 2(B + 3) \quad \text{これを解いて} \quad B = 2.$$

$\boxed{!}$ 分母に実数の範囲では因数分解できない 2 次式が現れる場合，その項の分子は 1 次式にしなければならない．

> **問 1.11**　次の等式をみたす定数 A, B, C, D をそれぞれ求めよ．
>
> (1) $\dfrac{3}{(x-1)(x^2+x+1)} = \dfrac{A}{x-1} + \dfrac{Bx+C}{x^2+x+1}$
>
> (2) $\dfrac{x^2+14x-7}{(x-1)(x+1)(x^2+1)} = \dfrac{A}{x-1} + \dfrac{B}{x+1} + \dfrac{Cx+D}{x^2+1}$
>
> (3) $\dfrac{2x^2-2x+5}{x^2(x^2+1)} = \dfrac{A}{x^2} + \dfrac{B}{x} + \dfrac{Cx+D}{x^2+1}$

以上，3 つの例題で述べたように，分数式 $\dfrac{A(x)}{B(x)}$（ただし，$A(x)$ の次数 $< B(x)$ の次数）は分母の因数分解に従って

$$\frac{A}{x-a}, \; \frac{A'}{(x-a)^2}, \; \frac{A''}{(x-a)^3}, \; \cdots$$

や

$$\frac{Bx+C}{x^2+bx+c}, \; \frac{B'x+C'}{(x^2+bx+c)^2}, \; \frac{B''x+C''}{(x^2+bx+c)^3}, \; \cdots$$

の形の分数式の和に分解することができる．このような分解を**部分分数分解**という．ここで $A, A', A'', \cdots, B, B', B'', \cdots, C, C', C'', \cdots$ は定数であり，$x^2 + bx + c$ は実数の範囲では因数分解できない 2 次式である．

2

2次関数とその応用

2.1 2次関数とグラフ

$$y = ax^2 + bx + c \quad (a \neq 0)$$

の形の関数 y を，x の **2次関数** という．

【平方完成と頂点】 2次関数のグラフが示す曲線を総称して **放物線** と呼ぶ．放物線 $y = ax^2 + bx + c$ は，$a > 0$ ならば下に凸，$a < 0$ ならば上に凸となる．

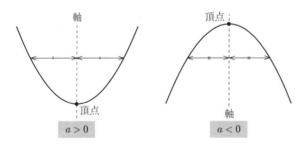

図 **2.1** 2次関数のグラフの形

2次関数のグラフは，**頂点** の座標がわかれば手際よく描ける．頂点とは，$a > 0$ の場合はグラフの谷底で y の最小値を与える点であり，$a < 0$ の場合はグラフの頂上で y の最大値を与える点である．この性質ゆえ，以下にみるような **平方完成** と呼ばれる式変形を用いて頂点を求めることができる．

$$\begin{aligned} ax^2 + bx + c &= a\left(x^2 + \frac{b}{a}x\right) + c \\ &= a\left\{\left(x + \frac{b}{2a}\right)^2 - \frac{b^2}{4a^2}\right\} + c \\ &= a\left(x + \frac{b}{2a}\right)^2 - \frac{b^2 - 4ac}{4a} \end{aligned}$$

こうして y を

$$y = a(x-p)^2 + q, \quad \left(\text{ただし } p = -\frac{b}{2a}, \quad q = -\frac{b^2 - 4ac}{4a}\right) \quad (*)$$

の形に表すことによって，y は $a>0$ のとき $x=p$ で最小値 q をとり，$a<0$ のとき $x=p$ で最大値 q をとることがわかる．また，頂点を通る y 軸に平行な直線を放物線の**軸**と呼ぶ．2次関数のグラフはその軸に関して線対称である．

つまり，2次関数 (*) のグラフは

$$\text{頂点の座標は } (p,q), \text{軸の方程式は } x=p$$

の放物線となる．

例題 2.1

次の2次関数を平方完成して，そのグラフの頂点の座標を求め，グラフを描け．

(1) $y = x^2 + 3x + 3$ (2) $y = -3x^2 + 12x - 5$

解答

(1) まず平方完成して
$$y = x^2 + 3x + 3 = \left\{\left(x+\frac{3}{2}\right)^2 - \frac{9}{4}\right\} + 3 = \left(x+\frac{3}{2}\right)^2 + \frac{3}{4}$$
となる．よって，頂点の座標は $\left(-\frac{3}{2}, \frac{3}{4}\right)$ である．y 切片が 3 であることも考慮すると，グラフは下図左のようになる．

(2) まず平方完成して
$$y = -3x^2 + 12x - 5 = -3(x^2 - 4x) - 5$$
$$= -3\{(x-2)^2 - 4\} - 5 = -3(x-2)^2 + 7.$$
したがって，頂点の座標は $(2,7)$ である．y 切片は -5 だからグラフは下図右のようになる．

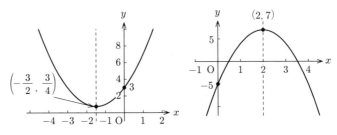

問 2.1 次の2次関数の頂点の座標を求め，グラフを描け．

(1) $y = x^2 + \dfrac{3}{2}$ (2) $y = -(x+1)^2 - 3$

(3) $y = x^2 + 2x - 1$ (4) $y = x^2 - x + 1$

(5) $y = x^2 + 3x + 2$ (6) $y = 3x^2 - 6x - 4$

(7) $y = -2x^2 - 12x - 13$ (8) $y = -\dfrac{1}{2}x^2 + 2x$

2.2 2次方程式

【因数分解を用いた 2 次方程式の解法】　1.3 節の因数定理のところで，方程式 $f(x) = 0$ の解がわかれば，整式 $f(x)$ の因数分解ができることを説明した．逆に，因数分解から解を知ることもでき，両者の間には密接な関係がある．$f(x)$ が 2 次式 $ax^2 + bx + c$ の場合，次の関係が成り立つ．

解と因数分解の関係

2 次方程式 $ax^2 + bx + c = 0$ $(a \neq 0)$ の 2 つの解を α, β とすれば，2 次式 $ax^2 + bx + c$ の因数分解は

$$ax^2 + bx + c = a(x - \alpha)(x - \beta). \tag{2.1}$$

逆に，(2.1) のとき，$ax^2 + bx + c = 0$ の解は α, β である．

！　解が実数の範囲で存在しない場合については，7.1【2 次方程式の虚数解】 を参照．

例題 2.2

因数分解を用いて次の 2 次方程式の解を求めよ．

$$x^2 - 5x + 6 = 0$$

解答　左辺の因数分解は $x^2 - 5x + 6 = (x - 2)(x - 3)$. これが 0 だから，解は $x = 2, 3$.

> **問 2.2**　因数分解を用いて次の 2 次方程式を解け．
> (1)　$x^2 + 8x - 20 = 0$　　　(2)　$2x^2 - 5x - 3 = 0$
> (3)　$-6x^2 + 5x + 6 = 0$

【平方完成と解の公式】　因数分解が容易でないときでも，**平方完成**の式変形を用いて解を求めることができる．

例題 2.3

平方完成を用いて次の 2 次方程式の解を求めよ．

$$2x^2 + 2x - 1 = 0$$

解答　平方完成とは x の 2 次式を $\underline{a(x - p)^2 + q}$ の形に表すことであった．まず，方程式の左辺の 2 次式を，以下のように平方完成する．

$$\begin{aligned}
2x^2 + 2x - 1 &= 2(x^2 + x) - 1 \\
&= 2\left\{\left(x + \frac{1}{2}\right)^2 - \frac{1}{4}\right\} - 1 = 2\left(x + \frac{1}{2}\right)^2 - \frac{3}{2}.
\end{aligned}$$

16　第 2 章　2 次関数とその応用

したがって
$$2x^2 + 2x - 1 = 2\left(x + \frac{1}{2}\right)^2 - \frac{3}{2} = 0 \text{ より } \left(x + \frac{1}{2}\right)^2 = \frac{3}{4}.$$
ゆえに $x + \dfrac{1}{2} = \pm\dfrac{\sqrt{3}}{2}$ であり，解は
$$x = \frac{-1 \pm \sqrt{3}}{2}.$$

問 2.3a　平方完成を用いて次の 2 次方程式を解け．

(1)　$x^2 - 3x + 2 = 0$　　　　(2)　$2x^2 + 3x - 1 = 0$

一般の 2 次方程式
$$ax^2 + bx + c = 0 \quad (a \neq 0)$$
の解は，平方完成を用いて求める事ができる．
$$ax^2 + bx + c = a\left(x + \frac{b}{2a}\right)^2 - \frac{b^2 - 4ac}{4a} = 0$$
であるから，方程式は
$$\left(x + \frac{b}{2a}\right)^2 = \frac{b^2 - 4ac}{4a^2}$$
と変形できる．このような実数 x が存在するとき，右辺は正または 0，つまり $b^2 - 4ac \geqq 0$ である．したがって，$b^2 - 4ac < 0$ のときは，実数の範囲では解 x は存在しない．
$$D = b^2 - 4ac$$
を方程式 $ax^2 + bx + c = 0$ の**判別式**という．$D \geqq 0$ のとき
$$x + \frac{b}{2a} = \pm\sqrt{\frac{b^2 - 4ac}{4a^2}} = \pm\frac{\sqrt{b^2 - 4ac}}{2a}$$
となり，次に示す解の公式を得る．

---

2 次方程式 $ax^2 + bx + c = 0$ の解の公式
$$x = \frac{-b \pm \sqrt{b^2 - 4ac}}{2a}$$

問 2.3b　解の公式を用いて次の 2 次方程式を解け．

(1)　$x^2 - 3x + 2 = 0$　　　　　　　(2)　$2x^2 + 2x - 1 = 0$

(3)　$-3x^2 + 5x - 1 = 0$　　　　　　(4)　$x^2 - x + \dfrac{1}{4} = 0$

2.3　2次不等式への応用

2次不等式は，2次関数のグラフを利用すると見通しよく解くことができる．

たとえば，2次不等式

$$x^2 - 3x - 4 < 0 \qquad (2.2)$$

では左辺の2次式を関数の式としてもつ $y = x^2 - 3x - 4$ を考える．ただちに $y = (x+1)(x-4)$ と因数分解できることから，方程式 $y = x^2 - 3x - 4 = 0$ より，関数のグラフと x 軸とは $x = -1, 4$ で交わることがわかる．

したがって，(2.2)，すなわち $y < 0$ をみたす x は

$$-1 < x < 4$$

である（右図参照）．

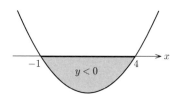

このように，2次不等式は2次方程式を解く問題に帰着できる．

例題 2.4

次の2次不等式を解け．
(1) $x^2 - 6x + 5 < 0$ 　　(2) $x^2 - 6x + 9 < 0$
(3) $x^2 - 6x + 12 < 0$ 　　(4) $x^2 - 6x + 5 \geqq 0$
(5) $x^2 - 6x + 9 \leqq 0$ 　　(6) $x^2 - 6x + 12 \geqq 0$

解答

(1)　$y = x^2 - 6x + 5 = (x-1)(x-5)$ と因数分解できることから $y = x^2 - 6x + 5$ のグラフと x 軸との交点の x 座標が $x = 1, 5$ であることがわかる．

$y = x^2 - 6x + 5$ のグラフは，x^2 の係数が正の数 1 なので，下に凸の放物線であり，右図のようになる．したがって，求める解は $1 < x < 5$ である．

(2)　$y = x^2 - 6x + 9 = (x-3)^2$ と書けるので，グラフと x 軸との共有点の x 座標は $x = 3$ のみである．よって，$y = x^2 - 6x + 9$ のグラフは $x = 3$ で x 軸と接しており，x^2 の係数が正の数なので，接点以外では常に x 軸の上側にあり，$y = x^2 - 6x + 9 < 0$ となることはない．したがって，求める解は "解なし" である．

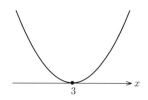

(3) $y = x^2 - 6x + 12 = (x-3)^2 + 3$ と書けるのでどのような x に対しても $y > 0$ である．したがって，求める解は "解なし" である．

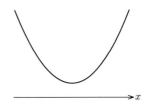

(4) 前述の (1) の $y = x^2 - 6x + 5$ のグラフにおいて，x 軸より上側にある部分の x 座標の範囲は $x \leqq 1, 5 \leqq x$ である．したがって，求める解は $x \leqq 1, 5 \leqq x$ である．

(5) 前述の (2) より，$y = x^2 - 6x + 9$ のグラフは，$x = 3$ で x 軸と共有点をもつ以外は常に x 軸の上側にある．したがって，求める解は $x = 3$ である．

(6) 前述の (3) より，$y = x^2 - 6x + 12$ のグラフは常に x 軸の上側にある（(3) のグラフを参照）．したがって，求める解は "すべての実数" である．

> **問 2.4** 次の 2 次不等式を解け．
> (1) $(x-2)(x+3) > 0$ 　　(2) $-x^2 + 5x - 4 > 0$
> (3) $x^2 - 2x - 1 \leqq 0$ 　　(4) $-x^2 + 4x - 4 \geqq 0$
> (5) $x^2 - 3x + 5 < 0$ 　　(6) $x^2 - 3x + 5 > 0$

3

三 角 関 数

3.1 弧度法と一般角

【弧度法】 角度を習い始めてから，角度の単位としては，30°のように「°」(度) を用いることが多かったことと思う．このような角度の表し方を**度数法**と呼ぶ．大学では，「弧度法」と呼ばれる単位系を用いることが多いので，まずはそれについて学ぶことにしよう．

Oを中心とする半径1の円周上に異なる2点A, Bをとる（右図）．中心角∠AOBに対応する弧ABの長さをαとするとき，∠AOBの大きさはα **ラジアン**またはαであるということにする．このような角度の表し方を**弧度法**と呼ぶ．

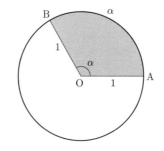

度数法と弧度法の関係は次のようになる．∠AOB = 180°のときの弧長はπ（円周の長さ2πの半分）なので，180° = π（ラジアン）である．したがって，1°は$\dfrac{\pi}{180}$ラジアンであるから，

$$\beta° = \frac{\beta}{180}\pi$$

となる．

| ! | 「°」と違い，普通「ラジアン」という単位は省略される．たとえば，90° = $\dfrac{\pi}{2}$ （ラジアン）であるが単に90° = $\dfrac{\pi}{2}$と書く．度数法と弧度法の間の変換を考えるときには180° = πをもとにするとわかりやすい．|

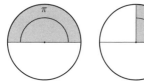

図 3.1 弧度法での典型的な角

例題 3.1

次の角度の単位を，°（度）はラジアンに，ラジアンは°（度）にかえよ．

(1) $60°$ (2) $135°$ (3) $330°$

(4) $\dfrac{\pi}{2}$ (5) $\dfrac{2\pi}{3}$ (6) $\dfrac{5\pi}{4}$

解答 °とラジアンの関係 $180° = \pi$ を使って求める．

(1) $60° = 60 \times \dfrac{\pi}{180} = \dfrac{\pi}{3}$ (2) $135° = 135 \times \dfrac{\pi}{180} = \dfrac{3\pi}{4}$

(3) $330° = 330 \times \dfrac{\pi}{180} = \dfrac{11\pi}{6}$ (4) $\dfrac{\pi}{2} = \dfrac{1}{2} \times 180° = 90°$

(5) $\dfrac{2\pi}{3} = \dfrac{2}{3} \times 180° = 120°$ (6) $\dfrac{5\pi}{4} = \dfrac{5}{4} \times 180° = 225°$

問 3.1 次の角度の単位を，°（度）はラジアンに，ラジアンは°（度）にかえよ．

(1) $45°$ (2) $210°$ (3) $240°$

(4) $\dfrac{\pi}{6}$ (5) $\dfrac{3\pi}{2}$ (6) $\dfrac{5\pi}{3}$

下の表に，主な角度とそのラジアン表示を示しておく．

度	$0°$	$30°$	$45°$	$60°$	$90°$	$120°$	$135°$	$150°$	$180°$
ラジアン	0	$\dfrac{\pi}{6}$	$\dfrac{\pi}{4}$	$\dfrac{\pi}{3}$	$\dfrac{\pi}{2}$	$\dfrac{2\pi}{3}$	$\dfrac{3\pi}{4}$	$\dfrac{5\pi}{6}$	π

【一般角】 角を回転の量ととらえることで，角度の考え方をひろげよう．

右図において，まず，角を測るときの基準になる半直線（**始線**）として OA をとる．始線 OA から見た角 AOB の角度は，始線 OA を，点 O を中心として回転させて半直線 OB に重ねたときの回転の角度とし，反時計回りの回転のときを正，時計回りのときを負と角度に符号を定める．

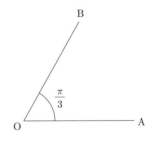

また，OA を 1 回り以上，つまり，2π 以上回転させる場合も考えることにする．このように，回転させる向きや 2π 以上回転させる場合も考えた角を**一般角**という．たとえば，右上図に示すように，通常 $\dfrac{\pi}{3}$ とされる角も，回転のさせ方によっては $\dfrac{7\pi}{3}$ となったり，$-\dfrac{5\pi}{3}$ と負数で表す場合もある．

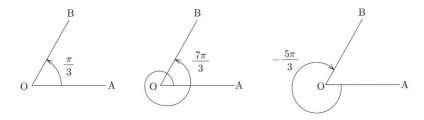

図 3.2 半直線 OA から測った半直線 OB の回転角

OA が点 O の周りを 1 周すれば 2π だけずれるので，始線 OA から見た角 AOB の角度は

$$\frac{\pi}{3} + n \times 2\pi \quad (n\text{ は整数})$$

となり，ただ 1 つには決まらない．

例題 3.2

次の一般角の単位を，°（度）はラジアンに，ラジアンは°（度）にかえよ．

(1) $420°$ (2) $-30°$ (3) $-135°$
(4) 3π (5) $-\dfrac{2\pi}{3}$ (6) $-\dfrac{9\pi}{4}$

解答 例題 3.1 と同様に，関係 $180° = \pi$ を使って求める．

(1) $420° = 420 \times \dfrac{\pi}{180} = \dfrac{7\pi}{3}$ (2) $-30° = -30 \times \dfrac{\pi}{180} = -\dfrac{\pi}{6}$

(3) $-135° = -135 \times \dfrac{\pi}{180} = -\dfrac{3\pi}{4}$ (4) $3\pi = 3 \times 180° = 540°$

(5) $-\dfrac{2\pi}{3} = -\dfrac{2}{3} \times 180° = -120°$ (6) $-\dfrac{9\pi}{4} = -\dfrac{9}{4} \times 180° = -405°$

問 3.2 次の一般角の単位を，°（度）はラジアンに，ラジアンは°（度）にかえよ．

(1) $450°$ (2) $-180°$ (3) $-240°$ (4) $-\dfrac{\pi}{6}$
(5) $-\dfrac{\pi}{4}$ (6) $\dfrac{10\pi}{3}$

3.2 三角関数

xy 平面において，原点 O を中心とし，半径が 1 の円を**単位円**という．単位円上の任意の点を P とすると，半径 OP（動径ともいう）の位置は x 軸の正の部分を始線として測った OP までの一般角 θ で決まる．したがって，P の x 座標，y 座標は θ の関数である．そこで，

$$\cos\theta = \text{P の } x \text{ 座標}, \quad \sin\theta = \text{P の } y \text{ 座標},$$

と定めることにする．

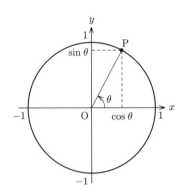

図 3.3　P の x 座標, y 座標は θ の関数

$\cos\theta$ を **余弦関数**, $\sin\theta$ を **正弦関数** という. x 座標と y 座標との比 $\dfrac{y}{x} = \dfrac{\sin\theta}{\cos\theta}$ も重要であり, **正接関数** と呼び, $\tan\theta$ と表す. すなわち,

$$\tan\theta = \frac{\sin\theta}{\cos\theta}$$

である. これらをまとめて **三角関数** という.

点 P の x 座標, y 座標は $-1 \leqq x \leqq 1$, $-1 \leqq y \leqq 1$ をみたすから,

$$-1 \leqq \cos\theta \leqq 1, \quad -1 \leqq \sin\theta \leqq 1$$

が成り立つ. また, $\cos\theta = 0$ すなわち $\theta = \dfrac{\pi}{2} + n\pi$ (n は整数) のとき, $\tan\theta$ の値は存在しない.

代表的な角度に対する三角関数の値は, 下図にある直角三角形の 3 辺の比を元にして求める.

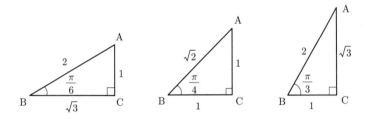

例題 3.3

α が次の値のとき, $\cos\alpha, \sin\alpha, \tan\alpha$ を求めよ.

(1)　$\alpha = \dfrac{\pi}{3}$　　(2)　$\alpha = \dfrac{3\pi}{4}$　　(3)　$\alpha = \dfrac{7\pi}{6}$

(4)　$\alpha = -\dfrac{2\pi}{3}$　　(5)　$\alpha = \dfrac{9\pi}{4}$　　(6)　$\alpha = -\dfrac{\pi}{2}$

解答　図 3.4 のように, 単位円に角 α を決める動径 OP と直角三角形 POH を描いて三角関数の値を求めるとよい.

(1) $\cos\dfrac{\pi}{3}=\dfrac{1}{2},\quad \sin\dfrac{\pi}{3}=\dfrac{\sqrt{3}}{2},\quad \tan\dfrac{\pi}{3}=\sqrt{3}.$

(2) $\cos\dfrac{3\pi}{4}=-\dfrac{1}{\sqrt{2}},\quad \sin\dfrac{3\pi}{4}=\dfrac{1}{\sqrt{2}},\quad \tan\dfrac{3\pi}{4}=-1.$

(3) $\cos\dfrac{7\pi}{6}=-\dfrac{\sqrt{3}}{2},\quad \sin\dfrac{7\pi}{6}=-\dfrac{1}{2},\quad \tan\dfrac{7\pi}{6}=\dfrac{1}{\sqrt{3}}.$

(4) $\cos\left(-\dfrac{2\pi}{3}\right)=-\dfrac{1}{2},\quad \sin\left(-\dfrac{2\pi}{3}\right)=-\dfrac{\sqrt{3}}{2},\quad \tan\left(-\dfrac{2\pi}{3}\right)=\sqrt{3}.$

(5) $\cos\dfrac{9\pi}{4}=\dfrac{1}{\sqrt{2}},\quad \sin\dfrac{9\pi}{4}=\dfrac{1}{\sqrt{2}},\quad \tan\dfrac{9\pi}{4}=1.$

(6) $\cos\left(-\dfrac{\pi}{2}\right)=0,\quad \sin\left(-\dfrac{\pi}{2}\right)=-1,\quad \tan\left(-\dfrac{\pi}{2}\right)$ の値は存在しない.

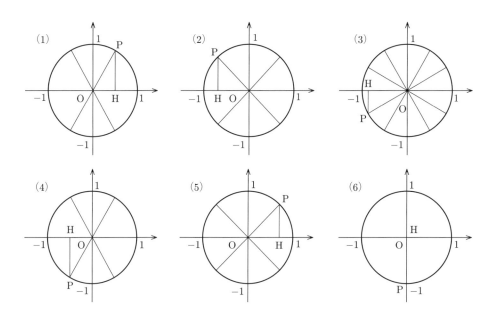

図 3.4　角を決める動径 OP と直角三角形 POH

問 3.3 α が次の値のとき, $\cos\alpha, \sin\alpha, \tan\alpha$ を求めよ.

(1) $\alpha=\pi$ 　　(2) $\alpha=\dfrac{4\pi}{3}$ 　　(3) $\alpha=-\dfrac{5\pi}{6}$

(4) $\alpha=\dfrac{7\pi}{4}$ 　　(5) $\alpha=-\dfrac{5\pi}{3}$ 　　(6) $\alpha=-\dfrac{3\pi}{2}$

24   第3章 三角関数

代表的な角度に対する三角関数の値を次の表に示す.

θ	0	$\dfrac{\pi}{6}$	$\dfrac{\pi}{4}$	$\dfrac{\pi}{3}$	$\dfrac{\pi}{2}$	$\dfrac{2\pi}{3}$	$\dfrac{3\pi}{4}$	$\dfrac{5\pi}{6}$	π
$\cos\theta$	1	$\dfrac{\sqrt{3}}{2}$	$\dfrac{1}{\sqrt{2}}$	$\dfrac{1}{2}$	0	$-\dfrac{1}{2}$	$-\dfrac{1}{\sqrt{2}}$	$-\dfrac{\sqrt{3}}{2}$	-1
$\sin\theta$	0	$\dfrac{1}{2}$	$\dfrac{1}{\sqrt{2}}$	$\dfrac{\sqrt{3}}{2}$	1	$\dfrac{\sqrt{3}}{2}$	$\dfrac{1}{\sqrt{2}}$	$\dfrac{1}{2}$	0
$\tan\theta$	0	$\dfrac{1}{\sqrt{3}}$	1	$\sqrt{3}$	なし	$-\sqrt{3}$	-1	$-\dfrac{1}{\sqrt{3}}$	0

【三角関数の間の基本的関係】　単位円 $x^2+y^2=1$ 上の点の座標が $(\cos\theta, \sin\theta)$ と表されることから，次の三角関数の間の基本的関係が得られる.

> **三角関数の間の基本的関係**
>
> $$\sin^2\theta + \cos^2\theta = 1 \tag{3.1}$$
>
> $$1 + \tan^2\theta = \frac{1}{\cos^2\theta} \tag{3.2}$$

(3.2) は (3.1) 式の両辺を $\cos^2\theta$ で割り，$\dfrac{\sin\theta}{\cos\theta} = \tan\theta$ を用いた結果である.

例題 3.4

θ が第3象限の角で $\cos\theta = -\dfrac{4}{5}$ のとき，$\sin\theta, \tan\theta$ を求めよ.

解答　$\sin^2\theta + \cos^2\theta = 1$ より

$$\sin^2\theta = 1 - \cos^2\theta = 1 - \left(-\frac{4}{5}\right)^2 = \frac{9}{25}.$$

θ は第3象限の角なので $\sin\theta < 0$ であり

$$\sin\theta = -\sqrt{\frac{9}{25}} = -\frac{3}{5}$$

である. また，

$$\tan\theta = \frac{\sin\theta}{\cos\theta} = \frac{-\dfrac{3}{5}}{-\dfrac{4}{5}} = \frac{3}{4}$$

である.

> **問 3.4**　次の問いに答えよ.
>
> (1)　θ が第2象限の角で，$\cos\theta = -\dfrac{1}{\sqrt{3}}$ のとき，$\sin\theta, \tan\theta$ を求めよ.
>
> (2)　θ が第4象限の角で，$\sin\theta = -\dfrac{1}{\sqrt{5}}$ のとき，$\cos\theta, \tan\theta$ を求めよ.

3.3 三角関数の性質　　25

例題 3.5

θ が第 2 象限の角で $\tan\theta = -3$ のとき，$\sin\theta, \cos\theta$ を求めよ．

解答　$1 + \tan^2\theta = \dfrac{1}{\cos^2\theta}$ より

$$\cos^2\theta = \frac{1}{1+\tan^2\theta} = \frac{1}{1+(-3)^2} = \frac{1}{10}.$$

θ は第 2 象限の角なので $\cos\theta < 0$ であり

$$\cos\theta = -\sqrt{\frac{1}{10}} = -\frac{\sqrt{10}}{10}$$

である．また，$\tan\theta = \dfrac{\sin\theta}{\cos\theta}$ より

$$\sin\theta = \tan\theta \cdot \cos\theta = -3 \cdot \left(-\frac{\sqrt{10}}{10}\right) = \frac{3\sqrt{10}}{10}$$

である．

問 3.5　次の問いに答えよ．

(1)　θ が第 3 象限の角で，$\tan\theta = 2$ のとき，$\sin\theta, \cos\theta$ を求めよ．

(2)　θ が第 4 象限の角で，$\tan\theta = -\dfrac{1}{3}$ のとき，$\sin\theta, \cos\theta$ を求めよ．

3.3　三角関数の性質

図 3.3 において，x 軸の正の部分からみた動径 OP の角は θ となっているが，$\theta + 2n\pi$（n は整数）も同じく OP の角といえる．したがって，P の x, y 座標を考えることによって次の式が成り立つ．ただし n は整数とする．

三角関数の性質（その 1）

$$\sin(\theta + 2n\pi) = \sin\theta$$

$$\cos(\theta + 2n\pi) = \cos\theta$$

$$\tan(\theta + 2n\pi) = \tan\theta$$

これは，$\sin\theta$, $\cos\theta$ が**周期** 2π の**周期関数**であることを示している．ただし，$\tan\theta$ の周期は π である．

さらに，次の性質も重要である．以下の例題や問いで確かめてみよう．

三角関数の性質（その 2）

$$\sin(-\theta) = -\sin\theta, \qquad \cos(-\theta) = \cos\theta, \qquad \tan(-\theta) = -\tan\theta$$

$$\sin\left(\frac{\pi}{2} - \theta\right) = \cos\theta, \quad \cos\left(\frac{\pi}{2} - \theta\right) = \sin\theta, \quad \tan\left(\frac{\pi}{2} - \theta\right) = \frac{1}{\tan\theta}$$

例題 3.6

等式 $\sin(-\theta) = -\sin\theta$ が成り立つことを，単位円の図を用いて説明せよ．

解答 $\sin\theta$ と $\sin(-\theta)$ との関係が問題なので角度 θ と $-\theta$ の動径を考えて点 $\mathrm{P}(\cos\theta, \sin\theta)$ と点 $\mathrm{P}'(\cos(-\theta), \sin(-\theta))$ を単位円上にとる．このとき，P' は x 軸について P と対称なので，P の y 座標 $\sin\theta$ は P' の y 座標 $\sin(-\theta)$ と逆符号である．よって

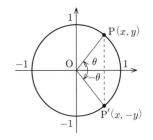

$$\sin(-\theta) = -\sin\theta.$$

問 3.6 次の問いに答えよ．
(1) 等式 $\cos(-\theta) = \cos\theta$ が成り立つことを，単位円の図を用いて説明せよ．
(2) 等式 $\tan(-\theta) = -\tan\theta$ を示せ．

例題 3.7

等式 $\cos\left(\dfrac{\pi}{2} - \theta\right) = \sin\theta$ が成り立つことを，単位円を用いて説明せよ．

解答 角度 θ と $\theta' = \dfrac{\pi}{2} - \theta$ の動径を考えて点 $\mathrm{P}(\cos\theta, \sin\theta)$ と点 $\mathrm{P}'(\cos\theta', \sin\theta')$ を単位円上にとる．P と P' より x 軸にそれぞれ垂線 $\mathrm{PH}, \mathrm{P}'\mathrm{H}'$ を下すと，直角三角形 POH と $\mathrm{OP}'\mathrm{H}'$ は合同なので，

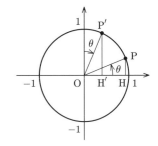

$$\mathrm{P} \text{ の } y \text{ 座標} = \mathrm{P}' \text{ の } x \text{ 座標}$$

が成立する．したがって，この等式が成立する．

問 3.7 次の問いに答えよ．
(1) 等式 $\sin\left(\dfrac{\pi}{2} - \theta\right) = \cos\theta$ が成り立つことを，単位円の図を用いて説明せよ．
(2) 等式 $\tan\left(\dfrac{\pi}{2} - \theta\right) = \dfrac{1}{\tan\theta}$ を示せ（ただし，$\tan\theta \neq 0$ とする）．

3.4 三角関数のグラフ

関数 $y = \sin x$ のグラフがどのようになるかを説明する．一般角 x に対して，図 3.5 の単位円上の点 P の横軸からの高さが $\sin x$ である．あらためて x を横軸に，y を縦軸にとった xy 平面を考えて x の値を変えながら点 $(x, \sin x)$ をとって

いくと $y = \sin x$ のグラフが出来上がる．ここで，左の単位円の座標軸は x 軸，y 軸ではないことに注意しよう．

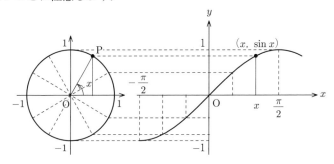

図 **3.5** 単位円と正弦関数との対応

このようにして，三角関数 $y = \sin x$, $y = \cos x$, $y = \tan x$ のグラフを描くと図 3.6, 3.7, 3.8 のようになる．

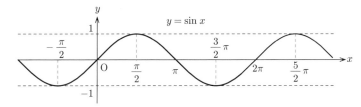

図 **3.6** $y = \sin x$ のグラフ

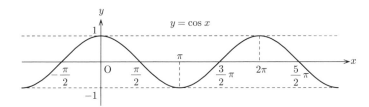

図 **3.7** $y = \cos x$ のグラフ

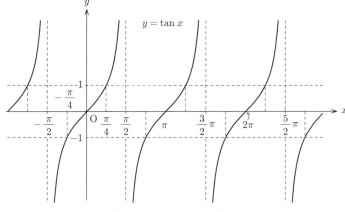

図 **3.8** $y = \tan x$ のグラフ

前にみたように, $\sin x, \cos x$ は, x が 2π だけ変化してもその値を変えない. これは, $\sin x, \cos x$ のグラフが 2π ごとに同じ形を繰り返すことを意味している.

> **例題 3.8**
> 次の関数のグラフを描け.
> (1)　$y = 2\sin x$　　(2)　$y = \cos 2x$　　(3)　$y = \sin\left(x - \dfrac{\pi}{6}\right)$

解答

(1)　$y = 2\sin x$ のグラフは, $y = \sin x$ のグラフを y 軸の方向に 2 倍に拡大したものである. よって次のようになる.

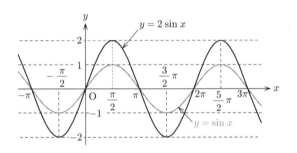

(2)　$\cos 2x$ の $x = \theta$ における値は, $\cos x$ の $x = 2\theta$ における値と等しい. このことから, $y = \cos 2x$ のグラフは, $y = \cos x$ のグラフを y 軸に向けて左右から $\dfrac{1}{2}$ に縮小したものになる（また, $y = \cos\dfrac{x}{2}$ のグラフは, 同じように考えると, y 軸から左右に 2 倍伸ばしたものになる）.

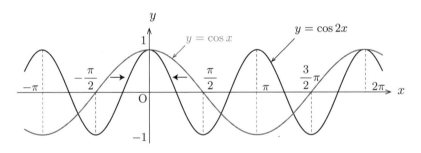

(3)　x にいくつか値を代入するとき, $\sin x$ および $\sin\left(x - \dfrac{\pi}{6}\right)$ の値は, 次の表のようになる.

x	0	$\frac{\pi}{6}$	$\frac{\pi}{3}$	$\frac{\pi}{2}$	$\frac{2\pi}{3}$
$\sin x$	0	$\frac{1}{2}$	$\frac{\sqrt{3}}{2}$	1	
$\sin\left(x - \frac{\pi}{6}\right)$		0	$\frac{1}{2}$	$\frac{\sqrt{3}}{2}$	1

この表より，$\sin\left(x - \frac{\pi}{6}\right)$ の $x = \theta$ における値は，$\sin x$ の $x = \theta - \frac{\pi}{6}$ における値と等しい．このことは，$y = \sin\left(x - \frac{\pi}{6}\right)$ のグラフは，$y = \sin x$ のグラフを x 軸方向に $\frac{\pi}{6}$ だけ平行移動したものであることを意味する．

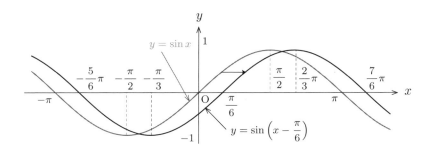

一般的に次のことがいえる．ただし，a は定数で，$a > 0$ とする．

> $y = a\sin x$，$y = a\cos x$ のグラフは，$y = \sin x$，$y = \cos x$ のグラフをそれぞれ y 軸方向に a 倍に拡大・縮小したものである．

> $y = \sin ax$，$y = \cos ax$ のグラフは，$y = \sin x$，$y = \cos x$ のグラフをそれぞれ x 軸方向に $\frac{1}{a}$ 倍に縮小・拡大したものである．

> $y = \sin(x - a)$，$y = \cos(x - a)$ のグラフは，$y = \sin x$，$y = \cos x$ のグラフをそれぞれ x 軸方向に a だけ平行移動したものである．

問 3.8 次の関数のグラフを描け．

(1) $y = \frac{1}{2}\sin x$ (2) $y = 3\cos x$ (3) $y = \sin 2x$

(4) $y = \sin\frac{x}{2}$ (5) $y = \cos \pi x$ (6) $y = \sin\left(x - \frac{\pi}{4}\right)$

(7) $y = 2\cos 3x$ (8) $y = \frac{1}{2}\cos\left(x + \frac{\pi}{3}\right)$

3.5 加法定理とその応用

三角関数に関しては次に示す加法定理の公式が重要である．

30 第 3 章 三角関数

加法定理

$$\sin(\alpha + \beta) = \sin\alpha\cos\beta + \cos\alpha\sin\beta$$

$$\sin(\alpha - \beta) = \sin\alpha\cos\beta - \cos\alpha\sin\beta$$

$$\cos(\alpha + \beta) = \cos\alpha\cos\beta - \sin\alpha\sin\beta$$

$$\cos(\alpha - \beta) = \cos\alpha\cos\beta + \sin\alpha\sin\beta$$

$$\tan(\alpha + \beta) = \frac{\tan\alpha + \tan\beta}{1 - \tan\alpha\tan\beta}$$

$$\tan(\alpha - \beta) = \frac{\tan\alpha - \tan\beta}{1 + \tan\alpha\tan\beta}$$

例題 3.9

加法定理を利用して $\sin 75°$ の値を求めよ.

解答　$75° = 30° + 45°$ であるから，加法定理を用いて

$$\sin 75° = \sin(30° + 45°) = \sin 30° \cos 45° + \cos 30° \sin 45°$$

$$= \frac{1}{2} \cdot \frac{1}{\sqrt{2}} + \frac{\sqrt{3}}{2} \cdot \frac{1}{\sqrt{2}} = \frac{\sqrt{2} + \sqrt{6}}{4}.$$

問 3.9　次の値を求めよ.

(1)　$\cos 75°$　　　　(2)　$\sin 15°$　　　　(3)　$\tan 105°$

〔ヒント〕　$105° = 45° + 60°$

例題 3.10

加法定理を利用して $\cos\dfrac{\pi}{12}$ の値を求めよ.

解答　$\dfrac{\pi}{12} = \dfrac{\pi}{4} - \dfrac{\pi}{6}$ であるから，加法定理を用いて

$$\cos\frac{\pi}{12} = \cos\left(\frac{\pi}{4} - \frac{\pi}{6}\right) = \cos\frac{\pi}{4}\cos\frac{\pi}{6} + \sin\frac{\pi}{4}\sin\frac{\pi}{6}$$

$$= \frac{1}{\sqrt{2}} \cdot \frac{\sqrt{3}}{2} + \frac{1}{\sqrt{2}} \cdot \frac{1}{2} = \frac{\sqrt{2} + \sqrt{6}}{4}.$$

問 3.10　次の値を求めよ.

(1)　$\sin\dfrac{5\pi}{12}$　　　　(2)　$\cos\dfrac{5\pi}{12}$　　　　(3)　$\tan\dfrac{11\pi}{12}$

〔ヒント〕　$\dfrac{5\pi}{12} = \dfrac{\pi}{4} + \dfrac{\pi}{6}$, $\dfrac{11\pi}{12} = \dfrac{3\pi}{4} + \dfrac{\pi}{6}$. 加法定理を使うときは，例題 3.9，問 3.9 のように度数法を用いたほうが便利である.

3.5 加法定理とその応用 *31*

$\sin(\alpha + \beta), \cos(\alpha + \beta)$ の加法定理において，$\alpha = \beta$ とすると，次の 2 倍角の公式と半角の公式を得る．

2 倍角の公式

$$\sin 2\alpha = 2 \sin \alpha \cos \alpha$$
$$\cos 2\alpha = \cos^2 \alpha - \sin^2 \alpha$$
$$= 2 \cos^2 \alpha - 1$$
$$= 1 - 2 \sin^2 \alpha$$

半角の公式

$$\cos^2 \alpha = \frac{1 + \cos 2\alpha}{2}$$
$$\sin^2 \alpha = \frac{1 - \cos 2\alpha}{2}$$

例題 3.11

$\theta \ (0 \leqq \theta \leqq \pi)$ が $\cos \theta = \dfrac{1}{3}$ をみたしているとき，$\sin 2\theta, \cos 2\theta$ を求めよ．

解答 $0 \leqq \theta \leqq \pi$ であることから，$\sin \theta \geqq 0$ であることに注意しよう．(3.1) から

$$\sin \theta = \sqrt{1 - \cos^2 \theta} = \sqrt{1 - \left(\frac{1}{3}\right)^2} = \frac{2\sqrt{2}}{3}.$$

したがって，2 倍角の公式より，

$$\sin 2\theta = 2 \sin \theta \cos \theta = 2 \cdot \frac{2\sqrt{2}}{3} \cdot \frac{1}{3} = \frac{4\sqrt{2}}{9},$$
$$\cos 2\theta = 2 \cos^2 \theta - 1 = 2 \cdot \frac{1}{9} - 1 = -\frac{7}{9}.$$

問 3.11 θ が（ ）内の条件をみたしているとき，次の問いに答えよ．

(1) $\sin \theta = \dfrac{2}{3}$ のとき，$\cos 2\theta, \sin 2\theta$ を求めよ．$\left(\dfrac{\pi}{2} \leqq \theta \leqq \pi\right)$

(2) $\sin \theta = \dfrac{3}{4}$ のとき，$\cos 2\theta, \sin 2\theta$ を求めよ．$\left(0 \leqq \theta \leqq \dfrac{\pi}{2}\right)$

(3) $\cos \dfrac{\theta}{2} = \dfrac{1}{\sqrt{5}}$ のとき，$\cos \theta, \sin \theta$ を求めよ．$(0 \leqq \theta \leqq \pi)$

例題 3.12

$\theta \ (0 \leqq \theta \leqq \pi)$ が $\cos \theta = \dfrac{1}{3}$ をみたしているとき，$\cos \dfrac{\theta}{2}, \sin \dfrac{\theta}{2}$ を求めよ．

解答 半角の公式において $\alpha = \dfrac{\theta}{2}$ とおいて

$$\cos^2 \frac{\theta}{2} = \frac{1+\dfrac{1}{3}}{2} = \frac{2}{3}.$$

同様にして

$$\sin^2 \frac{\theta}{2} = \frac{1-\dfrac{1}{3}}{2} = \frac{1}{3}$$

が得られる．ここで，$0 \leqq \dfrac{\theta}{2} \leqq \dfrac{\pi}{2}$ より $\cos \dfrac{\theta}{2} \geqq 0$, $\sin \dfrac{\theta}{2} \geqq 0$ であるから

$$\cos \frac{\theta}{2} = \frac{\sqrt{6}}{3}, \quad \sin \frac{\theta}{2} = \frac{\sqrt{3}}{3}.$$

> **問 3.12** （ ）内の条件のもとで，次の問いに答えよ．
> (1) $\cos \theta = -\dfrac{1}{4}$ のとき，$\cos \dfrac{\theta}{2}, \sin \dfrac{\theta}{2}$ を求めよ．$(0 \leqq \theta \leqq \pi)$
> (2) $\cos 2\theta = -\dfrac{2}{5}$ のとき，$\cos \theta, \sin \theta$ を求めよ．$\left(\dfrac{\pi}{2} \leqq \theta \leqq \pi\right)$
> (3) $\cos \theta = -\dfrac{1}{\sqrt{6}}$ のとき，$\cos \dfrac{\theta}{2}, \sin \dfrac{\theta}{2}$ を求めよ．$\left(\dfrac{\pi}{2} \leqq \theta \leqq \pi\right)$

3.6 三角関数の合成

$\sin(\alpha + \beta)$ の加法定理より次の結果が得られる．

三角関数の合成

$$a \sin \theta + b \cos \theta = \sqrt{a^2 + b^2} \left(\frac{a}{\sqrt{a^2 + b^2}} \sin \theta + \frac{b}{\sqrt{a^2 + b^2}} \cos \theta \right)$$

$$= \sqrt{a^2 + b^2} \sin(\theta + \alpha) \tag{3.3}$$

と表すことができる．ただし，α は，

$$\cos \alpha = \frac{a}{\sqrt{a^2 + b^2}}, \quad \sin \alpha = \frac{b}{\sqrt{a^2 + b^2}}$$

をみたす角である．

もともとの式 $a \sin \theta + b \cos \theta$ には存在しなかった α が (3.3) 式に現れていることに注意しよう．α は右図のように平面内に点 $\mathrm{A}(a, b)$ をとったときの OA の角として決まる．このとき α は正・負どちらの一般角で考えてもよい．

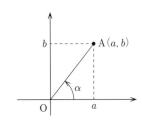

例題 3.13

$\sin x + \sqrt{3}\cos x$ を合成せよ．

解答 $\sin x$ と $\cos x$ の係数が $1, \sqrt{3}$ なので，まず平面内に点 $A(1, \sqrt{3})$ をとる．OA の角 α は図より

$$\alpha = \frac{\pi}{3}$$

だとわかる（$OA = \sqrt{1^2 + (\sqrt{3})^2} = 2$）．したがって

$$与式 = 2\left(\frac{1}{2}\sin x + \frac{\sqrt{3}}{2}\cos x\right)$$
$$= 2\left(\cos\frac{\pi}{3}\sin x + \sin\frac{\pi}{3}\cos x\right)$$
$$= 2\sin\left(x + \frac{\pi}{3}\right).$$

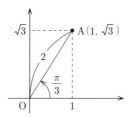

問 3.13 次の問いに答えよ．

(1) $\sin x + \cos x$ を合成せよ．

(2) $3\sin x - \sqrt{3}\cos x$ を合成せよ．

(3) 関数 $f(x) = \sin x - \cos x \ (0 \leq x < 2\pi)$ の最大値，最小値，およびそのときの x の値を求めよ．

〔ヒント〕 (3) 合成してから最大・最小を考えよ．

4
指数関数・対数関数

4.1 累乗と指数

$a = a^1$, $a \times a = a^2$, $a \times a \times a = a^3$, $\cdots$ のように，一般に a を n 個掛け合わせたものを a^n と書いて a の n 乗 あるいは a の **累乗** という．また，a^n の "肩" にある数 n を **指数** と呼ぶ.

$$\overbrace{a \cdot a \cdot a \cdots a}^{n\,\text{個}} = a^n \quad (n = 1, 2, 3, \cdots).$$

さらに，指数が 0 や負の整数の場合には次のように拡張する.

$$a^0 = 1, \quad a^{-n} = \frac{1}{a^n} \quad (n = 1, 2, 3, \cdots)$$

たとえば

$$a^5 \times a^{-3} = (a \times a \times a \times a \times a) \times \frac{1}{a \times a \times a} = a \times a = a^2$$

であるが，これは指数だけに着目して $a^5 \times a^{-3} = a^{5+(-3)} = a^2$ と指数の足し算で簡単に答えが出る．この例に見られるように，次の **指数法則** が任意の整数 m, n に対して成り立つ.

$$a^m \cdot a^n = a^{m+n}, \qquad (a^m)^n = a^{mn}, \qquad \frac{a^m}{a^n} = a^{m-n}$$

$$a^m b^m = (ab)^m, \qquad \left(\frac{a}{b}\right)^m = \frac{a^m}{b^m}$$

例題 4.1

次の計算をせよ.

(1) $2^{-4} \times 2^3$ 　　　　　　(2) $2^{19} \div 2^{-9} \div 2^{27}$

(3) $(a^2 b)^2 \times (-a^3 b^2)^{-1}$

解答

(1) $2^{-4} \times 2^3 = 2^{-4+3} = 2^{-1} = \dfrac{1}{2}$

(2) $2^{19} \div 2^{-9} \div 2^{27} = 2^{19} \times 2^{-(-9)} \times 2^{-27} = 2^{19+9-27} = 2^1 = 2$

(3) $(a^2 b)^2 \times (-a^3 b^2)^{-1} = \dfrac{a^4 b^2}{-a^3 b^2} = -a$

問 4.1a 次の計算をせよ.

(1) -3^{-2}　　　　(2) $(-3)^{-2}$　　　　(3) $\left(\dfrac{1}{3}\right)^{-2}$

(4) $-2 \cdot 3^2$　　　　(5) $(-2 \cdot 3)^2$　　　　(6) $8^{10} \cdot 8^{-10}$

(7) $5^{-8} \cdot 5^{11}$　　　　(8) $3^{13} \cdot 9^{-5}$　　　　(9) $4^4 \div 2^5$

(10) $-(-a)^3$　　　　(11) $\left(-\dfrac{1}{a^2}\right)^{-3}$　　　　(12) $3a \times (6ab^{-2})^{-1}$

(13) $6^8 \div 2^7 \times 3^{-6}$　　　　(14) $4 \times 10^8 \div (2 \times 10^5)$

(15) $a^2 b^3 \times \dfrac{4}{a^{-2} b} \div (2a^3 b^2)$

問 4.1b ある湖では,4 メートル深くなるごとに明るさが半分になるという.水深 12 メートルでの明るさは,湖面の明るさの何倍か.

　$a > 0, n$ を正の整数とするとき,n 乗したら a になるような正の数を a の n 乗根といい,

$$a^{\frac{1}{n}} \quad \text{または} \quad \sqrt[n]{a}$$

と書く.また,$a^{-\frac{1}{n}} = \dfrac{1}{a^{\frac{1}{n}}}$ とする.さらに,$a > 0, m, n$ を正の整数とするとき,

$$a^{\frac{m}{n}} = (a^{\frac{1}{n}})^m, \quad a^{-\frac{m}{n}} = \dfrac{1}{a^{\frac{m}{n}}}$$

と定める.

　指数の範囲は,こうして有理数にまで拡張できるが,さらに有理数を越え実数全体へと拡張できる.このとき,正の数 a に対する a^x(x は実数)を a の**累乗**といい,有理数に対する指数の定義や法則が,実数の指数についても成り立つ.

任意の実数 x, y に対して

$$a^0 = 1, \qquad a^{-x} = \dfrac{1}{a^x}$$

$$a^x a^y = a^{x+y}, \quad \dfrac{a^x}{a^y} = a^{x-y}, \quad (a^x)^y = a^{xy}$$

$$(ab)^x = a^x b^x, \quad \left(\dfrac{a}{b}\right)^x = \dfrac{a^x}{b^x}$$

36 第4章 指数関数・対数関数

$\boxed{!}$ 一般に $(a+b)^x \neq a^x + b^x$ である. たとえば, $(1+2)^4 = 81$ であるが $1^4 + 2^4 = 17$ である.

例題 4.2

次の値を求めよ.

(1) $8^{\frac{1}{3}}$ (2) $\sqrt[4]{81}$ (3) $25^{-\frac{3}{2}}$ (4) $(\sqrt[4]{9})^2$ (5) $\left(\dfrac{1}{3}\right)^{-2}$

解答

(1) $8^{\frac{1}{3}} = (2^3)^{\frac{1}{3}} = 2^{3 \times \frac{1}{3}} = 2^1 = 2$

(2) $\sqrt[4]{81} = 81^{\frac{1}{4}} = (3^4)^{\frac{1}{4}} = 3^{4 \times \frac{1}{4}} = 3^1 = 3$

(3) $25^{-\frac{3}{2}} = (5^2)^{-\frac{3}{2}} = 5^{2 \times (-\frac{3}{2})} = 5^{-3} = \dfrac{1}{5^3} = \dfrac{1}{125}$

(4) $(\sqrt[4]{9})^2 = (9^{\frac{1}{4}})^2 = 9^{\frac{2}{4}} = 9^{\frac{1}{2}} = (3^2)^{\frac{1}{2}} = 3$

(5) $\left(\dfrac{1}{3}\right)^{-2} = (3^{-1})^{-2} = 3^{(-1) \times (-2)} = 3^2 = 9$

問 4.2 次の値を求めよ.

(1) $27^{\frac{1}{3}}$ (2) $64^{\frac{1}{3}}$ (3) $\sqrt[4]{16}$ (4) $\sqrt[5]{32}$

(5) $1000^{\frac{1}{3}}$ (6) $25^{-\frac{1}{2}}$ (7) $256^{-\frac{1}{8}}$ (8) $\left(\dfrac{1}{4}\right)^{-\frac{1}{2}}$

(9) $8^{\frac{4}{3}}$ (10) $9^{\frac{3}{2}}$ (11) $16^{\frac{3}{4}}$ (12) $125^{-\frac{2}{3}}$

(13) $36^{-\frac{1}{2}}$ (14) $100^{-\frac{3}{2}}$ (15) $(\sqrt[3]{27})^2$ (16) $(\sqrt[4]{25})^2$

例題 4.3

次の計算をせよ. ただし, $a > 0,\ b > 0,\ x > 0$ とする.

(1) $9^{\frac{1}{3}} \times 9^{\frac{1}{6}}$ (2) $(2^6)^{-\frac{1}{3}}$ (3) $\dfrac{4^{-\frac{1}{6}} \times 4^{\frac{5}{6}}}{4^{-\frac{1}{3}}}$

(4) $\sqrt{21} \times \sqrt{28}$ (5) $\sqrt{9x} \times \dfrac{1}{\sqrt{x}}$ (6) $\dfrac{\sqrt{a^3 b} \times \sqrt[6]{b}}{\sqrt[3]{ab^2}}$

解答

(1) $9^{\frac{1}{3}} \times 9^{\frac{1}{6}} = 9^{\frac{1}{3} + \frac{1}{6}} = 9^{\frac{1}{2}} = 3$

(2) $(2^6)^{-\frac{1}{3}} = 2^{6 \times (-\frac{1}{3})} = 2^{-2} = \dfrac{1}{4}$

(3) $\dfrac{4^{-\frac{1}{6}} \times 4^{\frac{5}{6}}}{4^{-\frac{1}{3}}} = 4^{-\frac{1}{6}} \times 4^{\frac{5}{6}} \times 4^{-(-\frac{1}{3})} = 4^{-\frac{1}{6} + \frac{5}{6} + \frac{1}{3}} = 4^1 = 4$

(4) $\sqrt{21} \times \sqrt{28} = \sqrt{3 \cdot 7} \times \sqrt{4 \cdot 7} = \sqrt{3} \times (\sqrt{7})^2 \times 2 = 14\sqrt{3}.$

(5) $\sqrt{9x} \times \dfrac{1}{\sqrt{x}} = \sqrt{9} \times \sqrt{x} \times \dfrac{1}{\sqrt{x}} = 3$

(6) $\dfrac{\sqrt{a^3 b} \times \sqrt[6]{b}}{\sqrt[3]{ab^2}} = \dfrac{(a^3 b)^{\frac{1}{2}} \times b^{\frac{1}{6}}}{(ab^2)^{\frac{1}{3}}} = a^{\frac{3}{2}} b^{\frac{1}{2}} \times b^{\frac{1}{6}} \times a^{-\frac{1}{3}} b^{-\frac{2}{3}}$

$\qquad\qquad = a^{\frac{3}{2} - \frac{1}{3}} b^{\frac{1}{2} + \frac{1}{6} - \frac{2}{3}} = a^{\frac{7}{6}}$

問 4.3 次の計算をせよ．ただし，$a>0, b>0, x>0$ とする．

(1) $4^{\frac{1}{6}} \times 4^{\frac{1}{3}}$ (2) $8^{\frac{1}{2}} \times 8^{\frac{1}{6}}$ (3) $9^{\frac{5}{3}} \times 9^{-\frac{1}{6}}$

(4) $(2^2)^3$ (5) $(3^{10})^{\frac{1}{5}}$ (6) $(2^4)^{-\frac{1}{2}}$

(7) $\dfrac{27^{\frac{5}{6}} \times 27^{-\frac{2}{3}}}{27^{\frac{1}{2}}}$ (8) $\dfrac{a^{\frac{1}{2}} \times a^{\frac{4}{3}}}{a^{-\frac{1}{6}}}$ (9) $\dfrac{8 \times \sqrt{8}}{\sqrt[6]{8}}$

(10) $\sqrt[4]{x^6} \times \sqrt{x}$ (11) $\sqrt{18} \times \sqrt{72}$ (12) $\dfrac{\sqrt{6} \times \sqrt{3}}{\sqrt{2}}$

(13) $\sqrt[3]{64a^2} \div \sqrt{a}$ (14) $\sqrt{x} \times \sqrt{\dfrac{4}{x}}$ (15) $\dfrac{\sqrt{a^3 b} \times \sqrt[3]{ab^2}}{\sqrt[6]{a^5 b}}$

4.2 指数関数

a が 1 以外の正の数のとき，
$$y = a^x$$
は x の関数であるが，これを **a を底とする指数関数** という（$a = 1$ のとき，$a^x = 1^x = 1$ は定数関数）．$a > 1$ のときは指数 x が大きいほど a^x は大きくなり，$0 < a < 1$ の場合は指数 x が大きいほど a^x は小さくなるので，指数関数のグラフはおよそ図 4.1 のようになる．

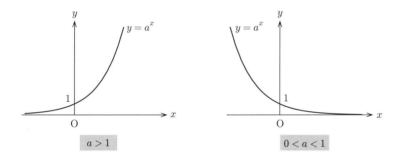

図 4.1 $a > 1$ のときと $0 < a < 1$ のときの $y = a^x$ のグラフ．

―― 例題 4.4 ――――――――――――――――――――――――

指数関数 $y = 2^x$ において $x = -2, -1, 0, 1, 2, 3$ に対して y の値を計算し，$y = 2^x$ のグラフを描け．

解答 $2^{-2} = \dfrac{1}{4}$, $2^{-1} = \dfrac{1}{2}$, $2^0 = 1$, $2^1 = 2$, $2^2 = 4$, $2^3 = 8$. 以上の結果をまとめると次の表のようになる．

x	$\cdots$	-2	-1	0	1	2	3	$\cdots$
y	$\cdots$	$\dfrac{1}{4}$	$\dfrac{1}{2}$	1	2	4	8	$\cdots$

これらの (x, y) を座標にもつ点をとり，滑らかな曲線でつなげばよい．

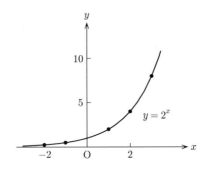

図 **4.2**　関数 $y = 2^x$ のグラフ．

> **問 4.4**　次の指数関数のグラフを描け．
> (1)　$y = 3^x$　　　　(2)　$y = 0.9^x$　　　　(3)　$y = 2^{-x}$
> (4)　$y = \left(\dfrac{1}{3}\right)^x$　　　(5)　$y = 2^{x-1}$　　　(6)　$y = 3^{x+1}$

4.3　対数

「2 を何乗したら 8 になるか」すなわち，式
$$8 = 2^\square$$
において □ に入る値は何か，という問いを考えてみよう．$8 = 2^3$ から，答えは 3 と容易にわかる（3 だけであることを 図 4.3 から読みとってほしい）．

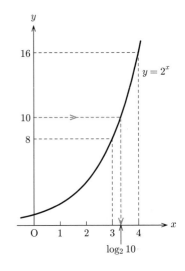

図 **4.3**　$2^x = 10$ をみたす x は $x = 3.32193\cdots = \log_2 10$

同様の問いの答えがいつもこのように簡単なわけではない．「2 を何乗したら 10 になるか」の答えは難しいが，無限小数 $3.32193\cdots$ であることがわかっている．

その数を簡単に書き表すために記号 $\log_2 10$ が用いられる．すなわち，$2^{\log_2 10} = 10$ である．

一般には，$\underline{a > 0, a \neq 1, b > 0}$ に対して，等式
$$a^\square = b \tag{4.1}$$
の □ にあてはまる数を $\log_a b$ と書くのである．$\log_a b$ を，**a を底とする b の対数**という．また，b は**真数**という．

$\log_a b$ の定義から

$$a^{\log_a b} = b \tag{4.2}$$

が成り立つ. このことより, 次のことがいえる.

$$a^{\square} = b \quad \text{のとき} \quad \square = \log_a b$$

特に, 次の結果はしばしば使うので覚えておくとよい.

$$\log_a 1 = 0, \quad \log_a a = 1 \tag{4.3}$$

$a^{\square} = 1$ となるのは $\square = 0$ のときのみであるから $\log_a 1 = 0$. また, $a^{\square} = a$ となるのは $\square = 1$ のときに限るから $\log_a a = 1$ となる.

─ 例題 4.5 ─────────────

次の値を求めよ.

(1) $\log_2 8$ (2) $\log_3 \dfrac{1}{9}$ (3) $3^{\log_3 100}$

解答 対数の定義をしっかりと記憶しよう.

(1) $\log_2 8 = \square$ とおくと $2^{\square} = 8 = 2^3$ と読み替えることができる. したがって, $\square = 3$, つまり $\log_2 8 = 3$.

(2) $\log_3 \dfrac{1}{9} = \square$ とおくと $3^{\square} = \dfrac{1}{9} = 3^{-2}$ と読み替えることができる. したがって, $\square = -2$, つまり $\log_3 \dfrac{1}{9} = -2$.

(3) $\log_3 100$ は $3^{\square} = 100$ の $\square$. したがって, $3^{\log_3 100} = 100$ ((4.2) 参照).

───────────────

例題 4.5 から $\log_a b$ の値を求めることは真数 b が底 a の何乗かを求めること, つまり b を a の累乗で表すことと同等であることに気づくだろう. $b = a^p$ とわかったなら $\log_a b = \log_a a^p = p$ となるのである. だから例題 4.5 では,

$$\log_2 8 = \log_2 2^3 = 3, \quad \log_3 \frac{1}{9} = \log_3 3^{-2} = -2$$

と計算してさしつかえない.

問 4.5 次の値を求めよ.

(1) $\log_3 1$ (2) $\log_3 27$ (3) $\log_2 \dfrac{1}{8}$

(4) $\log_2 1024$ (5) $\log_{\frac{1}{2}} 32$ (6) $\log_3 \sqrt{3}$

(7) $2^{\log_2 5}$ (8) $4^{\log_2 5}$

40　　第 4 章　指数関数・対数関数

log に関する等式は，指数に関する等式に書き換えられるし，逆も可能である．

$$\log_a b = c \iff a^c = b.$$

例題 4.6

(1)　指数の関係式 $4^{\frac{1}{2}} = 2$ を対数の関係式に書き直せ．

(2)　対数の関係式 $\log_3 81 = 4$ を指数の関係式に書き直せ．

解答

(1) $\log_4 2 = \dfrac{1}{2}$　　　(2) $3^4 = 81$

問 4.6　以下で，指数の関係式は対数の関係式に，対数の関係式は指数の関係式に書き直せ．

(1)　$2^3 = 8$　　　　　(2)　$3^{-2} = \dfrac{1}{9}$　　　(3)　$100^{\frac{1}{2}} = 10$

(4)　$\left(\dfrac{1}{2}\right)^{-2} = 4$　　　(5)　$\log_2 16 = 4$　　(6)　$\log_9 3 = \dfrac{1}{2}$

(7)　$\log_{10} 0.001 = -3$　　(8)　$\log_{\frac{1}{2}} 8 = -3$

【対数の性質】

対数法則

(1)　$\log_a p + \log_a q = \log_a(pq)$

(2)　$\log_a p - \log_a q = \log_a \dfrac{p}{q}$

(3)　$q \log_a p = \log_a p^q$

証明　定義から，右辺の $\log_a(pq)$ は 等式 $a^\square = pq$ の $\square$ にあてはまる（唯一の）数である．また，左辺の $\log_a p + \log_a q$ も，指数法則に基づく計算

$$a^{\log_a p + \log_a q} = a^{\log_a p} \cdot a^{\log_a q} = pq$$

から同じ $\square$ にあてはまる数である．よって (1) が成り立つ．(2) については，両辺がそれぞれ $a^\square = \dfrac{p}{q}$ の $\square$ に当てはまること，(3) については，両辺がそれぞれ $a^\square = p^q$ の $\square$ に当てはまることを示せばよいが，詳細は省略する．

例題 4.7

次の計算をせよ．

(1)　$2 \log_5 15 - \log_5 9$　　　(2)　$\log_2 \sqrt{6} - \dfrac{1}{2} \log_2 3$

4.3 対数　*41*

解答

(1) $2\log_5 15 - \log_5 9 = \log_5(3\times5)^2 - \log_5 3^2 = \log_5 \dfrac{3^2\cdot5^2}{3^2} = \log_5 5^2 = 2.$
　　または，次のように計算してもよい．
$$2\log_5 15 - \log_5 9 = 2\log_5(3\times5) - \log_5 3^2$$
$$= 2\log_5 3 + 2\log_5 5 - 2\log_5 3 = 2.$$

(2) $\log_2 \sqrt{6} - \dfrac{1}{2}\log_2 3 = \log_2\sqrt{6} - \log_2\sqrt{3} = \log_2\dfrac{\sqrt{6}}{\sqrt{3}} = \log_2\sqrt{2} = \dfrac{1}{2}.$
　　または，次のように計算してもよい．
$$\log_2\sqrt{6} - \frac{1}{2}\log_2 3 = \frac{1}{2}\log_2(2\times3) - \frac{1}{2}\log_2 3$$
$$= \frac{1}{2}\log_2 2 + \frac{1}{2}\log_2 3 - \frac{1}{2}\log_2 3 = \frac{1}{2}.$$

問 4.7　次の計算をせよ．

(1) $\log_{12} 3 + \log_{12} 4$　　　　　　(2) $\log_6 3 + \log_6 12$

(3) $2\log_3 6 - \log_3 4$　　　　　　　(4) $\log_2 9 - 2\log_2 6$

(5) $\log_3 4 + 2\log_3\dfrac{1}{2}$　　　　　　(6) $2\log_{10} 5 + \log_{10} 8 - \log_{10} 2$

(7) $\log_5 2 + \log_5 1000 - 2\log_5 4$　　(8) $2\log_2 15 - 2\log_2 3 - \log_2 25$

(9) $\log_3\sqrt{12} - \dfrac{1}{2}\log_3 4$　　　　(10) $3\log_2\sqrt[3]{6} - \log_2 3$

　対数法則から，素数に対する対数の値がわかれば，すべての整数に対して対数の値が計算できることがわかる．次の例題で確かめよう．

例題 4.8

$\log_{10} 2 = 0.301,\ \log_{10} 3 = 0.477$ とし，次の対数の値を求めよ．

(1) $\log_{10} 5$　　　　(2) $\log_{10} 60$

解答

(1) $\log_{10} 5 = \log_{10}\dfrac{10}{2} = \log_{10} 10 - \log_{10} 2 = 1 - 0.301 = 0.699$

(2) $\log_{10} 60 = \log_{10}(2\cdot3\cdot10) = \log_{10} 2 + \log_{10} 3 + 1 = 1.778$

問 4.8　次の値を求めよ．ただし，$\log_{10} 2 = 0.301,\ \log_{10} 3 = 0.477$ とする．

(1) $\log_{10} 4$　　　　(2) $\log_{10} 6$　　　　(3) $\log_{10}\dfrac{1}{8}$

(4) $\log_{10} 15$　　　(5) $\log_{10} 0.008$　　(6) $\log_{10} 1.25$

【底の変換】　$a^{\log_a b\cdot\log_b c} = \left(a^{\log_a b}\right)^{\log_b c} = b^{\log_b c} = c$ より，

$$\log_a b\cdot\log_b c = \log_a c$$

42   第 4 章   指数関数・対数関数

を得る．両辺を $\log_a b$ で割って，

$$\log_b c = \frac{\log_a c}{\log_a b} \tag{4.4}$$

となる．ここで，a, b は 1 以外の任意の正の数，c は任意の正の数である．左辺は b を底とする対数，右辺は a を底とする対数であることに注意しよう．式 (4.4) を**底の変換公式**という．底が 10 の対数を**常用対数**というが，$\log_{10} c$ の値を既知として $\log_2 c$ の値を求めるときなど $\log_2 c = \dfrac{\log_{10} c}{\log_{10} 2} = 3.32193 \cdots \times \log_{10} c$ と底の変換公式を利用することができる．ここで，$\log_{10} 2 = 0.30103 \cdots$ を使った．

例題 4.9

次の計算をせよ．

(1) $\log_4 8$　　　　(2) $\log_3 6 - \log_9 4$

解答

(1) 底を 2 にそろえて，$\log_4 8 = \dfrac{\log_2 8}{\log_2 4} = \dfrac{3}{2}$.

(2) 底を 3 にそろえる．
$\log_9 4 = \dfrac{\log_3 4}{\log_3 9} = \dfrac{1}{2} \log_3 4 = \log_3 \sqrt{4} = \log_3 2$ より，

与式 $= \log_3 6 - \log_3 2 = \log_3 \dfrac{6}{2} = \log_3 3 = 1$.

問 4.9　次の計算をせよ．

(1) $\log_9 3$　　　　　　(2) $\log_8 16$　　　　　　(3) $\log_4 8\sqrt{2}$

(4) $\log_3 2 - \log_9 4$　　(5) $\log_2 6 \cdot \log_6 4$　　(6) $\log_a b \cdot \log_b a$

【指数・対数方程式】

例題 4.10

次の方程式を解け．

(1) $\left(\dfrac{1}{2}\right)^{x-1} = 8$　　　(2) $\left(\dfrac{1}{2}\right)^{x-1} = 7$　　　(3) $\log_3(x+1) = 2$

解答

(1) $\left(\dfrac{1}{2}\right)^{x-1} = (2^{-1})^{x-1} = 2^{-x+1}, 8 = 2^3$ であるから，両辺の指数部分を比較して $-x+1 = 3$，すなわち $x = -2$.

(2) $2^{-x+1} = 7$ であるから，対数の定義 (4.1) より $-x+1 = \log_2 7$，すなわち $x = 1 - \log_2 7$.

(3) 指数の関係式として表すと $3^2 = x+1$，したがって，$x = 8$.

問 4.10 次の方程式を解け.

(1) $2^{x+3} = 4$ (2) $2^{x+4} = 2^{-x}$

(3) $\left(\sqrt{2}\right)^x = \dfrac{1}{2}$ (4) $2^x = 3 \cdot \left(\sqrt{2}\right)^x$

(5) $\log_3(x-1) = 2$ (6) $\log_4(x+1) = \dfrac{1}{2}$

(7) $\log_{\frac{1}{2}}(x-2) = 2$ (8) $\log_2\left(\dfrac{1}{2}x + 1\right) = \dfrac{1}{3}$

4.4 対数関数

$a > 0, a \neq 1$ なる a を固定するとき,真数 $x\,(>0)$ を独立変数と考えた $\log_a x$ を,**a を底とする対数関数**という.$y = \log_a x$ のとき $a^y = a^{\log_a x} = x$ であるから,対数関数 $y = \log_a x$ は指数関数 $y = a^x$ の x と y を入れ替えたもの,つまり,逆関数であることがわかる.

対数関数のグラフはおよそ図 4.4 に示したようなものである.

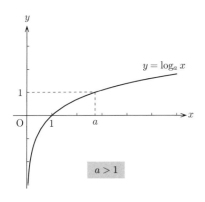 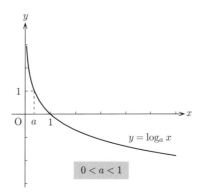

図 4.4　$a > 1$ のときと $0 < a < 1$ のときの $y = \log_a x$ のグラフ.

例題 4.11

$y = \log_2 x$ のグラフを描け.

解答　$\log_2 x$ の値を計算しやすい x の値を選ぶ.たとえば,$2^{-2}, 2^{-1}, 2^0, 2^1, 2^2$ つまり $\dfrac{1}{4}, \dfrac{1}{2}, 1, 2, 4$ に対して $\log_2 x$ の値を計算し,結果を表にまとめると次のようになる:

x	$\cdots$	$\dfrac{1}{4}$	$\dfrac{1}{2}$	1	2	4	$\cdots$
y	$\cdots$	-2	-1	0	1	2	$\cdots$

この結果を使って点 (x, y) をとり,滑らかな曲線でつなげばよい.右図がその結果である.

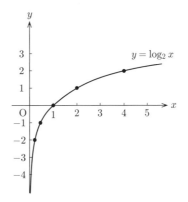

図 4.5　関数 $y = \log_2 x$ のグラフ.

44   第 4 章 指数関数・対数関数

問 4.11 例題 4.11 にならって，次の対数関数のグラフを描け.

(1) $y = \log_{10} x$ (2) $y = \log_3 x$ (3) $y = \log_{\frac{1}{2}} x$

(4) $y = \log_{\frac{1}{3}} x$ (5) $y = \log_2(x-2)$ (6) $y = \log_3(x+1)$

5 微分

5.1 導関数

曲線 $y = f(x)$ の点 $\mathrm{A}(a, f(a))$ における接線 ℓ_A の傾きを求めよう（右図）.

$y = f(x)$ 上の点 $\mathrm{B}(a+h, f(a+h))$ をとり（図 5.1），B を A に限りなく近づける（$h \to 0$）．このとき，直線 AB は接線 ℓ_A に限りなく近づき，それに伴って，直線 AB の傾き $\dfrac{f(a+h) - f(a)}{h}$ は接線 ℓ_A の傾きに限りなく近づく．

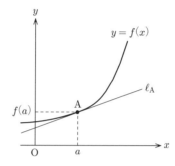

よって，$h \to 0$ のときに $\dfrac{f(a+h) - f(a)}{h}$ が限りなく近づく値，つまり

$$\lim_{h \to 0} \frac{f(a+h) - f(a)}{h}$$

は，接線 ℓ_A の傾きを与える．この値を $f'(a)$ と書き，$x = a$ における $f(x)$ の**微分係数**という．

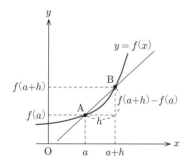 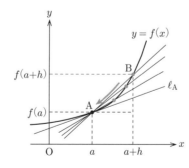

図 5.1 直線 AB は接線 ℓ_A に近づく

46　第5章　微分

たとえば，関数 $f(x) = x^2$ の場合，$f(a+h) = (a+h)^2, f(a) = a^2$ なので

$$f'(a) = \lim_{h \to 0} \frac{(a+h)^2 - a^2}{h} = \lim_{h \to 0} \frac{(a^2 + 2ah + h^2) - a^2}{h}$$

$$= \lim_{h \to 0} \frac{2ah + h^2}{h} = \lim_{h \to 0}(2a + h) = 2a.$$

一般に，$f'(a)$ は a により値が変わるので，a を変数 x に置き換えた $f'(x)$ は新しい関数を与える．$f'(x)$ を $f(x)$ の**導関数**と呼ぶ．また $y = f(x)$ ならば導関数を

$$y', \quad \frac{df(x)}{dx}, \quad \frac{dy}{dx}$$

と表すこともある．関数 $f(x)$ から $f'(x)$ を計算することを，$f(x)$ を**微分する**という．

> **導関数 $f'(x)$**
>
> $$f'(x) = \lim_{h \to 0} \frac{f(x+h) - f(x)}{h} \tag{5.1}$$

【x^α の導関数】　$f(x) = x^2$ の場合，導関数 $f'(x)$ は $(x^2)'$ とも表す．x^2 を (5.1) に沿って微分すると，上で $f'(a) = 2a$ を求めたのと同様の計算から，

$$(x^2)' = 2x$$

が導けるし，一般の x^n $(n = 1, 2, 3, 4 \cdots)$ に対しては下に示す結果となる．

$$(x^n)' = nx^{n-1}.$$

また，指数が任意の実数の場合にも同じ型の結果が成り立つことがわかっている．たとえば，関数 $\sqrt{x} = x^{\frac{1}{2}}$ に対しては，(5.1) を実際に計算して

$$(\sqrt{x})' = \lim_{h \to 0} \frac{\sqrt{x+h} - \sqrt{x}}{h} = \lim_{h \to 0} \frac{(\sqrt{x+h} - \sqrt{x})(\sqrt{x+h} + \sqrt{x})}{h(\sqrt{x+h} + \sqrt{x})}$$

$$= \lim_{h \to 0} \frac{(\sqrt{x+h})^2 - (\sqrt{x})^2}{h(\sqrt{x+h} + \sqrt{x})} = \lim_{h \to 0} \frac{1}{\sqrt{x+h} + \sqrt{x}} = \frac{1}{\sqrt{x} + \sqrt{x}}$$

$$= \frac{1}{2\sqrt{x}} = \frac{1}{2}x^{-\frac{1}{2}}$$

より，$(x^{\frac{1}{2}})' = \frac{1}{2}x^{-\frac{1}{2}} = \frac{1}{2}x^{\frac{1}{2}-1}$ が成り立つ．一般の実定数 α に対する x^α の微分計算は本書の程度を越えるが，結果は次の公式にまとめられる．

> $$(x^\alpha)' = \alpha x^{\alpha-1} \quad (\alpha \text{ は実数}) \tag{5.2}$$

上の一般公式で，$\alpha = \frac{1}{2}$ の場合 $(x^{\frac{1}{2}})' = \frac{1}{2}x^{\frac{1}{2}-1} = \frac{1}{2}x^{-\frac{1}{2}}$ となり，前述の結果が得られることが容易にわかる．参考のために，いろいろな α の値に対する x^α のグラフを図5.2に描いた．

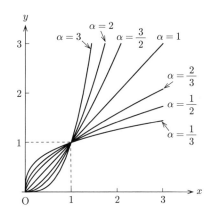

図 5.2 関数 $y = x^\alpha$ のグラフ

定数関数 $f(x) = 1$ の導関数は，$f(x+h) = f(x) = 1$ なので，(5.1) より
$$(1)' = \lim_{h \to 0} \frac{1-1}{h} = \lim_{h \to 0} 0 = 0.$$
これは (5.2) で $\alpha = 0$ の場合にあたる．1 以外の値をとる定数関数についても同様で，

> **定数関数 $f(x) = k$ の導関数**
> $$(k)' = 0 \quad (k \text{ は定数}) \tag{5.3}$$

例題 5.1

次の関数を微分せよ．

(1) x (2) $\sqrt[3]{x^5}$ (3) $\dfrac{1}{x^3}$ (4) 定数関数 $\sqrt{2}$

解答

(1) (5.2) で $\alpha = 1$ として $(x)' = (x^1)' = 1 \cdot x^{1-1} = x^0 = 1$.

(2) $\left(\sqrt[3]{x^5}\right)' = \left(x^{\frac{5}{3}}\right)' = \dfrac{5}{3} x^{\frac{5}{3}-1} = \dfrac{5}{3} x^{\frac{2}{3}}$.

(3) $\left(\dfrac{1}{x^3}\right)' = (x^{-3})' = -3x^{-3-1} = -3x^{-4}$.

(4) (5.3) で $k = \sqrt{2}$ として $(\sqrt{2})' = 0$.

問 5.1 次の関数を微分せよ．

(1) x^3 (2) x^{-4} (3) $x^{\frac{1}{3}}$ (4) $x^{-\frac{3}{4}}$

(5) $\sqrt{x}$ (6) $\sqrt[5]{x^3}$ (7) $\dfrac{1}{x}$ (8) $\dfrac{1}{\sqrt{x}}$

(9) 5 (10) π

48　第5章　微分

もう少し複雑な関数の場合，導関数の計算には，以下に示す諸公式をあわせて用いるとよい．

$$\{kf(x)\}' = kf'(x) \quad (k は定数)$$
$$\{f(x) + g(x)\}' = f'(x) + g'(x) \tag{5.4}$$
$$\{f(x) - g(x)\}' = f'(x) - g'(x)$$

― 例題 5.2 ―――――――――

次の関数を微分せよ．

(1)　$y = 2x^5 - 3x + 1$　　　(2)　$y = \dfrac{1 + \sqrt{x}}{x^2}$

解答

(1)　$y' = (2x^5 - 3x + 1)' = 2 \cdot 5x^{5-1} - 3 \cdot 1 + 0 = 10x^4 - 3$

(2)　$y' = \left(\dfrac{1 + \sqrt{x}}{x^2}\right)' = \left(\dfrac{1}{x^2} + \dfrac{\sqrt{x}}{x^2}\right)' = \left(x^{-2} + x^{-\frac{3}{2}}\right)'$

$\qquad = -2x^{-2-1} + \left(-\dfrac{3}{2}\right)x^{-\frac{3}{2}-1} = -2x^{-3} - \dfrac{3}{2}x^{-\frac{5}{2}}$

⚠ $(3x - 1)'$ のことを $3x - 1'$ などと書いてはならない．関数を微分する式では関数全体を ( ) や { } でくくっておくこと．

問 5.2　次の関数を微分せよ．

(1)　$y = -2x + 3$　　　　　　(2)　$y = 5x^2 - 5x + 3$

(3)　$y = 2x^3 - x^2 + 3x - 4$　　(4)　$y = x^5 - x^4 + x^3 - x^2 + 1$

(5)　$y = (2x + 1)^2$　　　　　(6)　$y = (x - 2)^3$

(7)　$y = \dfrac{x^2 + 1}{x}$　　　　　(8)　$y = \dfrac{x - 2}{x^2}$

(9)　$y = \sqrt[4]{x} + \dfrac{2}{x}$　　　　(10)　$y = \dfrac{2}{\sqrt{x}} - \dfrac{3}{x^2}$

(11)　$y = \sqrt[3]{x}\left(\dfrac{1}{x} + 3x\right)$　　(12)　$y = \dfrac{1 - 2x}{\sqrt{x}}$

(13)　$y = \dfrac{\sqrt[4]{x} + 2x^{-1} + x}{3x}$　　(14)　$y = \left(\sqrt[5]{x^3} - \dfrac{1}{2x}\right)^2$

【接線の方程式】　曲線 $y = f(x)$ の $x = a$ における接線の傾きは微分係数 $f'(a)$ で与えられた．また，接線は接点 $(a, f(a))$ を通ることより，次の結果が得られる．

接線の方程式

曲線 $y = f(x)$ の $x = a$ における接線の方程式は
$$y = f'(a)(x - a) + f(a)$$

例題 5.3

曲線 $y = x^2$ の $x = 3$ における接線の方程式を求めよ．

解答 $x = 3$ での接線を求めるには，傾き $f'(3)$ と通過する点 $(3, f(3))$ がわかればよい．$f(x) = x^2$ とおくと $f'(x) = (x^2)' = 2x$ より $f'(3) = 6$．また，$f(3) = 9$ だから求める接線の方程式は

$$y = 6(x - 3) + 9 = 6x - 9.$$

問 5.3 次の問いに答えよ．
(1) $y = x^2 - x$ の $x = -1$ における接線の方程式を求めよ．
(2) $y = 2x^2 - 3x + 1$ の $x = 2$ における接線の方程式を求めよ．
(3) $y = x^3$ の $x = -2$ における接線の方程式を求めよ．

5.2 関数の極値・増減とグラフ

【増加と減少】 関数 $y = f(x)$ の微分係数 $f'(a)$ は，$f'(x)$ の式に $x = a$ を代入した数のことであり，これは，関数 $y = f(x)$ のグラフ上の点 $(a, f(a))$ にお

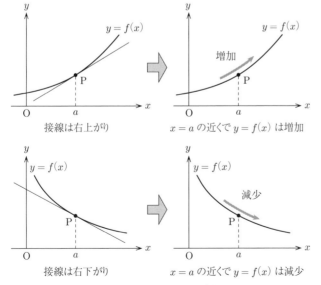

図 5.3 関数の増加と減少

ける接線の傾きであった．したがって，$f'(a) > 0$ ならば接線は右上がりになり，$x = a$ の近くで $y = f(x)$ は増加する．また，$f'(a) < 0$ ならば接線は右下がりになり，$x = a$ の近くで $y = f(x)$ は減少する．よって次が成り立つ．

$$\begin{cases} \text{ある区間で常に } f'(x) > 0 \implies f(x) \text{ はその区間で増加} \\ \text{ある区間で常に } f'(x) < 0 \implies f(x) \text{ はその区間で減少} \end{cases}$$

【極値】 関数 $y = f(x)$ のグラフ上の点で，図 5.4 に示される点 A, B での y の値をそれぞれ**極大値**，**極小値**という．両者をあわせて**極値**と呼ぶ．$f'(x)$ の符号は，

$$\begin{cases} \text{極大値のとき} & \text{正}\,(+)\text{ から負}\,(-) \\ \text{極小値のとき} & \text{負}\,(-)\text{ から正}\,(+) \end{cases}$$

へと変わる．一方，点 C における y の値は極値とは呼ばない．

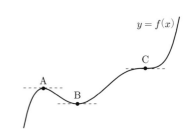

図 5.4　$f'(x) = 0$ をみたす点 A, B, C

図 5.4 の点 A, B, C の x 座標はすべて

$$f'(x) = 0 \tag{5.5}$$

をみたす．極値を求めるには，まず (5.5) をみたす x を求め，次にそれが極値に対応している解なのかどうか検討しなければならない．

例題 5.4

$y = x^3 - 3x$ のグラフを次の問いに従って描け．
(1) $y' = 0$ となる x を求めよ．
(2) 関数の増減表を書いて極値を求めよ．
(3) 増減表をもとにグラフを描け．

解答

(1) $y' = 3x^2 - 3 = 3(x^2 - 1) = 3(x+1)(x-1) = 0$ より

$$x = -1, 1.$$

(2) 導関数のグラフは右図 (a) のようになるので，次がわかる．

$$\begin{cases} x < -1 \text{ で} & y' > 0 \text{ つまり } y \text{ は増加} \\ -1 < x < 1 \text{ で} & y' < 0 \text{ つまり } y \text{ は減少} \\ 1 < x \text{ で} & y' > 0 \text{ つまり } y \text{ は増加} \end{cases}$$

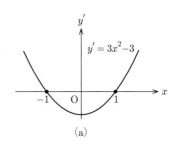

(a)

x	$\cdots$	-1	$\cdots$	1	$\cdots$
y'	$+$	0	$-$	0	$+$
y	↗	2	↘	-2	↗

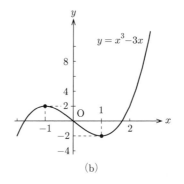

(b)

y の極大値は $x = -1$ のときで 2, 極小値は $x = 1$ のときで -2 である.

(3) グラフは右図 (b) に示した (x 軸と y 軸の目盛りの間隔が異なるのは, グラフを適当な大きさにおさめるためである).

! 増減表の符号欄の $+, -$ は, x に具体的な数値を代入して調べてもよい. たとえば上の例では, $f'(x)$ に -2 を代入すると $f'(-2) = 3 \times (-2)^2 - 3 = 9 > 0$ となるので, y' の $x < -1$ の範囲の欄は $+$ であることがわかる.

問 5.4 次の 3 次関数の増減表を書いて極値を調べ, グラフを描け.

(1) $y = 2x^3 - 3x^2 - 12x + 1$ (2) $y = 2x^3 + 6x^2 - 3$

(3) $y = -x^3 + 3x^2$ (4) $y = x^3 - 3x^2 + 3x$

(5) $y = -x^3 + 6x^2 - 12x + 7$

例題 5.5

$y = \dfrac{3}{4}x^4 - 4x^3 + 6x^2 - 10$ の極値を求め, グラフを描け.

解答 $y' = 3x^3 - 12x^2 + 12x$
$= 3x(x^2 - 4x + 4) = 3x(x-2)^2$.
$y' = 0$ になるのは $x = 0, 2$ のときである. また, $x < 0$ のとき $y' < 0$ である. 増減表は次のようになる.

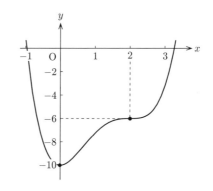

x	$\cdots$	0	$\cdots$	2	$\cdots$
y'	$-$	0	$+$	0	$+$
y	↘	-10	↗	-6	↗

グラフは右上の図のとおり. $x = 0$ のとき極小となり, 極小値 $y = -10$ をとる. $x = 2$ では極値をとらない.

問 5.5 次の 4 次関数の増減表を書いて極値を求め, グラフを描け.

(1) $y = x^4 - 2x^2 + 1$ (2) $y = -\dfrac{1}{4}x^4 + 2x^2 + 1$

(3) $y = 3x^4 - 4x^3 - 1$ (4) $y = -3x^4 - 4x^3 + 5$

【関数の最大・最小】 関数の増加・減少がわかれば，最大値や最小値も容易に求められる．

> **例題 5.6**
> 関数 $y = x^3 - 3x$ の $-1 \leqq x \leqq 3$ における最大値，最小値を求めよ．

解答 この関数は例題 5.4 に出てきた関数である．右図に示したようにグラフの $-1 \leqq x \leqq 3$ の範囲だけをみればよい．$x = 3$ のとき $y = 3^3 - 3 \cdot 3 = 18$ なので

$$\begin{cases} x = 3 \text{ のとき} & \text{最大値 } 18 \\ x = 1 \text{ のとき} & \text{最小値 } -2 \end{cases}$$

をとる．

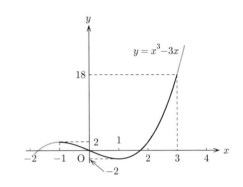

問 5.6 以下の問に答えよ．

(1) $y = -x^3 + 3x^2$ の $0 \leqq x \leqq 4$ における最大値，最小値を求めよ（関数のグラフは問 5.4 (3) を参照のこと）．

(2) $y = -\dfrac{1}{4}x^4 + 2x^2 + 1$ の $-1 \leqq x \leqq 2$ における最大値，最小値を求めよ（関数のグラフは問 5.5 (2) を参照のこと）．

5.3 その他の関数の導関数

【三角関数の導関数】 三角関数の導関数は次のようになる．

$$(\sin x)' = \cos x \qquad (\cos x)' = -\sin x$$
$$(\tan x)' = \frac{1}{\cos^2 x} \tag{5.6}$$

さらに，a を定数とするとき

$$(\sin ax)' = a\cos ax \qquad (\cos ax)' = -a\sin ax$$
$$(\tan ax)' = \frac{a}{\cos^2 ax} \qquad (a \text{ は定数}) \tag{5.7}$$

が成り立つ．

5.3 その他の関数の導関数 *53*

┌─ 例題 5.7 ─────────────────────────

次の関数を微分せよ.

  (1) $\sin 3x$ (2) $\cos \dfrac{x}{3}$ (3) $\tan \dfrac{3x}{2}$

└──────────────────────────────────

解答

(1) $a = 3$ として (5.7) を使うと,$(\sin 3x)' = 3\cos 3x$.

(2) $a = \dfrac{1}{3}$ として (5.7) を使うと,$\left(\cos \dfrac{x}{3}\right)' = -\dfrac{1}{3}\sin \dfrac{x}{3}$.

(3) $a = \dfrac{3}{2}$ として (5.7) を使うと,$\left(\tan \dfrac{3x}{2}\right)' = \dfrac{3}{2\cos^2 \dfrac{3x}{2}}$.

問 5.7   次の関数を微分せよ.

  (1) $\sin 5x$ (2) $\cos(-4x)$ (3) $\tan(-3x)$

  (4) $\sin \dfrac{2x}{3}$ (5) $\cos \dfrac{2x}{5}$ (6) $\tan \dfrac{5x}{4}$

────────────────────────

公式 (5.4) を使えば,次に示す微分計算もできる.

┌─ 例題 5.8 ─────────────────────────

次の関数を微分せよ.

  (1) $2\sin x + 3\cos 2x$ (2) $5\tan x - 2\tan 3x$

└──────────────────────────────────

解答

(1) $(2\sin x + 3\cos 2x)' = 2(\sin x)' + 3(\cos 2x)' = 2\cos x - 6\sin 2x$

(2) $(5\tan x - 2\tan 3x)' = 5(\tan x)' - 2(\tan 3x)' = \dfrac{5}{\cos^2 x} - \dfrac{6}{\cos^2 3x}$

問 5.8   次の関数を微分せよ.

  (1) $5\sin x - 4\cos x$ (2) $\dfrac{1}{3}\sin \dfrac{x}{2} - \dfrac{1}{2}\cos 4x$

  (3) $2\cos \dfrac{x}{4} + 4\tan 2x$ (4) $\sin\left(-\dfrac{x}{2}\right) + 3\cos(-2x)$

  (5) $3\cos\left(-\dfrac{4x}{3}\right) - \tan\left(-\dfrac{5x}{6}\right)$ (6) $\dfrac{\sin 3x}{\tan 3x}$

  (7) $\dfrac{3\cos 5x + 4\sin 5x}{\cos 5x}$ (8) $\cos^2 x$

  (9) $\sin^2 2x$

[ヒント]   (8), (9) では三角関数の半角の公式を使う.

54 第 5 章 微分

【指数関数・対数関数の導関数】 指数関数 $y = a^x$ のグラフの点 $(0, 1)$ における接線の傾きが 1 となるような定数 a を e と書くことにしよう。接線の傾きは微分係数で与えられたから

$$\lim_{h \to 0} \frac{e^h - 1}{h} = 1 \tag{5.8}$$

である。e は，$e = 2.7182818284\cdots$ となる無理数であることが知られている。この e を底とする対数 $\log_e \square$ を，底を省略して単に $\log \square$ と書いて**自然対数**という。また，e を**自然対数の底**，または**ネイピアの数**という。(4.3) の第 2 式より

$$\log e = 1$$

が成り立つ。導関数は次のようになる。

$$(e^x)' = e^x \qquad (\log x)' = \frac{1}{x}$$
$$(e^{kx})' = ke^{kx} \quad (k \text{ は定数}) \tag{5.9}$$

例題 5.9

次の関数を微分せよ。

(1) $e^{\frac{2x}{3}}$ (2) $\log(x^3)$ (3) $\log(3x)$

解答

(1) $(e^{\frac{2x}{3}})' = \frac{2}{3} e^{\frac{2x}{3}}$

(2) $(\log(x^3))' = (3 \log x)' = 3(\log x)' = \frac{3}{x}$

(3) $(\log(3x))' = (\log 3 + \log x)' = (\log 3)' + (\log x)' = \frac{1}{x}$

問 5.9 次の関数を微分せよ。

(1) e^{5x} (2) $e^{-\frac{x}{2}}$ (3) $(e^x)^7$ (4) $\dfrac{e^{2x}}{e^{4x}}$

(5) $\sqrt[3]{e^x}$ (6) $\log(4x)$ (7) $\log \sqrt{x}$ (8) $\log(xe^x)$

5.4 積，商の微分法

(5.4) で関数の和，差，定数倍と導関数との関係についてみた。積，商で表された関数の導関数を求めるためには次の公式を用いる。

5.5 合成関数の微分法 55

積, 商の微分法

$$\{f(x)g(x)\}' = f'(x)g(x) + f(x)g'(x)$$

$$\left\{\frac{f(x)}{g(x)}\right\}' = \frac{f'(x)g(x) - f(x)g'(x)}{g(x)^2} \quad (ただし, g(x) \neq 0)$$

例題 5.10

次の関数を微分せよ.

(1) $y = x^2 e^{3x}$ 　　　(2) $y = \dfrac{x^2}{x^3 + 1}$

解答

(1) $y' = (x^2)'e^{3x} + x^2(e^{3x})' = 2xe^{3x} + x^2 \cdot 3e^{3x} = (3x^2 + 2x)e^{3x}$

(2) $y' = \dfrac{(x^2)'(x^3 + 1) - x^2(x^3 + 1)'}{(x^3 + 1)^2} = \dfrac{2x(x^3 + 1) - x^2 \cdot 3x^2}{(x^3 + 1)^2} = \dfrac{-x^4 + 2x}{(x^3 + 1)^2}$

問 5.10a 次の関数を微分せよ.

(1) $x^3 e^{2x}$ 　　　(2) $(x^2 + 3x)e^{-x}$ 　　　(3) $x \cos x$

(4) $e^x \cos 2x$ 　　　(5) $e^{\frac{2}{3}x} \sin 3x$ 　　　(6) $\sin 2x \cos 3x$

(7) $(x^2 + 3x)\log x$ 　　　(8) $\sqrt{x} \log x$ 　　　(9) $e^{2x} \log x$

問 5.10b 次の関数を微分せよ.

(1) $\dfrac{x - 3}{2x + 1}$ 　　　(2) $\dfrac{2x + 1}{x^2 + 1}$ 　　　(3) $\dfrac{2x}{\sqrt{x} + 1}$

(4) $\dfrac{x}{e^x + 1}$ 　　　(5) $\dfrac{e^{3x}}{e^{2x} + 3}$ 　　　(6) $\dfrac{\sin x}{x}$

(7) $\dfrac{\cos 2x}{\sin 2x}$ 　　　(8) $\dfrac{\log x}{x}$ 　　　(9) $\dfrac{\sqrt{x}}{\log x}$

5.5 合成関数の微分法

$y = (3x^2 + 5)^{10}$ という関数を考えよう. この関数は $u = 3x^2 + 5$ とおくと, $y = u^{10}$ と表すことができる. すなわち,

$$x \longrightarrow u = 3x^2 + 5 \longrightarrow y = u^{10} = (3x^2 + 5)^{10}$$

というように, x から u を経由して y の値が定まっている.

一般に, 関数 $y = f(u)$ において, u が x の関数で $u = g(x)$ と表されるとき, $y = f(g(x))$ という x の関数を $y = f(u)$ と $u = g(x)$ の**合成関数**という:

$$x \longrightarrow u = g(x) \longrightarrow y = f(u) = f(g(x)).$$

合成関数で表される関数の導関数については次が成り立つ.

56 第 5 章 微分

合成関数の微分法

$y = f(u), u = g(x)$ のとき, 合成関数 $y = f(g(x))$ の導関数は

$$y' = f'(u) \cdot u' = f'(g(x)) \cdot g'(x),$$

または

$$\frac{dy}{dx} = \frac{dy}{du}\frac{du}{dx} = \frac{df(u)}{du}\frac{dg(x)}{dx}$$

例題 5.11

次の関数を微分せよ.

(1) $y = (3x^2 + 5)^{10}$ (2) $y = e^{x^2+x}$

解答

(1) $y = u^{10}, u = 3x^2 + 5$ と表されるから,

$$\begin{aligned}
y' &= (u^{10})' \cdot u' = 10u^9(3x^2 + 5)' \\
&= 10(3x^2 + 5)^9 \cdot (6x) \qquad (u \text{ を } x \text{ の式で表す}) \\
&= 60x(3x^2 + 5)^9.
\end{aligned}$$

(2) $y = e^u, u = x^2 + x$ と表されるから,

$$\begin{aligned}
y' &= (e^u)' \cdot u' = e^u(x^2 + x)' \\
&= e^{x^2+x} \cdot (2x + 1) = (2x + 1)e^{x^2+x}.
\end{aligned}$$

問 5.11 次の関数を微分せよ.

(1) $(2x + 3)^8$ (2) $\dfrac{1}{(2x - 1)^2}$ (3) $\sqrt[3]{3x + 1}$

(4) $\sqrt{2x^2 + 1}$ (5) $\cos(2x + 3)$ (6) $\sin(x^2 + 1)$

(7) $\tan\sqrt{x}$ (8) e^{x^3} (9) $e^{\sin x}$

(10) $\log(2x + 3)$ (11) $\cos^2 x$ (12) $\sin^2 2x$

6

積　　分

6.1　不定積分

関数 $F(x)$ が $F'(x) = f(x)$ をみたすとき，$F(x)$ を $f(x)$ の**原始関数**という．たとえば，

$$(x^2)' = 2x$$

だから x^2 は $2x$ の原始関数である．ところが，$2x$ の原始関数は x^2 だけではない．C が定数のとき，$(x^2 + C)' = (x^2)' + (C)' = 2x + 0 = 2x$ となるので，C がどのような値をとろうとも $x^2 + C$ は $2x$ の原始関数となる．このような $2x$ の一般の原始関数を記号 $\displaystyle\int 2x\,dx$ で表し $2x$ の**不定積分**という．すなわち

$$\int 2x\,dx = x^2 + C.$$

一般に，$f(x)$ の原始関数は適当な 1 つの原始関数 $F(x)$ と任意定数 C により

$$F(x) + C$$

と書ける．この形の原始関数を $f(x)$ の**不定積分**といい記号 $\displaystyle\int f(x)\,dx$ で表す：

$$\int f(x)\,dx = F(x) + C.$$

C を**積分定数**という．次の結果は，不定積分の定義からただちに得られる．

$$\left(\int f(x)\,dx\right)' = f(x) \tag{6.1}$$

不定積分を求める問題とは，何を微分したら与えられた関数になるかという問題であり微分の逆である．たとえば，関数 $f(x) = x^2$ に対しては，$\left(\dfrac{1}{3}x^3\right)' = x^2$ より

$$\int x^2\,dx = \frac{1}{3}x^3 + C$$

となる．

58　第 6 章　積分

【x^α の不定積分】　　実数の定数 α に対して

$$\left(\frac{1}{\alpha + 1} x^{\alpha+1} + C \right)' = \frac{1}{\alpha + 1} (\alpha + 1) x^\alpha = x^\alpha$$

であるから次の結果を得る.

$$\int x^\alpha \, dx = \frac{1}{\alpha + 1} x^{\alpha+1} + C \quad (\alpha \neq -1) \tag{6.2}$$

右辺の係数 $\dfrac{1}{\alpha + 1}$ は, まず $\alpha + 1$ を計算して次にその逆数をとり, その結果を $x^{\alpha+1}$ にかけるようにすると具体例での計算が容易になることが多い (下の例題 6.1 の解答参照).

【定値関数 $f(x) = k$ の不定積分】　　定値関数 $f(x) = k$ については

$$(kx + C)' = k$$

であるから, 次の公式が成立する.

$$\int k \, dx = kx + C$$

例題 6.1

次の不定積分を求めよ.

(1) $\displaystyle \int x \, dx$　　　(2) $\displaystyle \int \sqrt[3]{x^5} \, dx$　　　(3) $\displaystyle \int \frac{1}{x^3} \, dx$　　　(4) $\displaystyle \int 3 \, dx$

解答　以下の解答において C は積分定数を表す.

(1) 与えられた積分を (6.2) と対比すると $\alpha = 1$ の場合に相当する. $\alpha + 1 = 2$ であり, 逆数は $\dfrac{1}{2}$. したがって, $\displaystyle \int x \, dx = \frac{1}{2} x^2 + C$.

(2) $\displaystyle \int \sqrt[3]{x^5} \, dx = \int x^{\frac{5}{3}} \, dx$ であるから, 与えられた積分は (6.2) と対比すると $\alpha = \dfrac{5}{3}$ の場合に相当する. $\alpha + 1 = \dfrac{5}{3} + 1 = \dfrac{8}{3}$ でり, その逆数は $\dfrac{3}{8}$. したがって $\displaystyle \int \sqrt[3]{x^5} \, dx = \frac{3}{8} x^{\frac{8}{3}} + C$.

(3) $\displaystyle \int \frac{1}{x^3} \, dx = \int x^{-3} \, dx = -\frac{1}{2} x^{-2} + C = -\frac{1}{2x^2} + C$.

(4) $\displaystyle \int 3 \, dx = 3x + C$.

6.1 不定積分　59

問 **6.1**　次の不定積分を求めよ.

(1) $\displaystyle\int x^2\,dx$　　(2) $\displaystyle\int x^3\,dx$　　(3) $\displaystyle\int x^{\frac{1}{3}}\,dx$　　(4) $\displaystyle\int x^{-\frac{3}{4}}\,dx$

(5) $\displaystyle\int \sqrt{x}\,dx$　　(6) $\displaystyle\int \sqrt[5]{x^2}\,dx$　　(7) $\displaystyle\int \frac{1}{x^2}\,dx$　　(8) $\displaystyle\int \frac{1}{\sqrt{x}}\,dx$

(9) $\displaystyle\int 5\,dx$　　(10) $\displaystyle\int 1\,dx$　　(11) $\displaystyle\int \frac{1}{3}\,dx$　　(12) $\displaystyle\int \frac{\pi}{6}\,dx$

【定数倍・和の公式】　一般に定数 c_1, c_2 に対して

$$\int (c_1\,f(x) + c_2\,g(x))\,dx = c_1 \int f(x)\,dx + c_2 \int g(x)\,dx$$

が成り立つ. 証明は (5.4) と (6.1) を使えばよい.

┌─ 例題 **6.2** ─────────────

次の不定積分を求めよ.

(1) $\displaystyle\int (4x+3)\,dx$　　(2) $\displaystyle\int \left(6x^2 + \frac{1}{x^2} + 3\right)\,dx$　　(3) $\displaystyle\int \frac{x+2}{\sqrt{x}}\,dx$

解答

(1) $\displaystyle\int (4x+3)\,dx = 4\int x\,dx + \int 3\,dx = 4\cdot\frac{1}{2}x^2 + 3x + C = 2x^2 + 3x + C$

(2) $\displaystyle\int \left(6x^2 + \frac{1}{x^2} + 3\right)\,dx = 6\int x^2\,dx + \int x^{-2}\,dx + \int 3\,dx$

$$= 6\cdot\frac{x^3}{3} + \frac{1}{-2+1}x^{-2+1} + 3x + C = 2x^3 - \frac{1}{x} + 3x + C$$

(3) $\displaystyle\int \frac{x+2}{\sqrt{x}}\,dx = \int \left(\sqrt{x} + \frac{2}{\sqrt{x}}\right)\,dx = \int x^{\frac{1}{2}}\,dx + 2\int x^{-\frac{1}{2}}\,dx$

$$= \frac{1}{\frac{1}{2}+1}x^{\frac{1}{2}+1} + 2\frac{1}{-\frac{1}{2}+1}x^{-\frac{1}{2}+1} + C = \frac{2}{3}x^{\frac{3}{2}} + 4x^{\frac{1}{2}} + C$$

⚠ 不定積分の答えが正しいかどうか確かめるには答えを微分してみて, 積分記号の中の関数（被積分関数）になるか調べればよい. たとえば, 例題 6.2 (1) の場合, $(2x^2 + 3x + C)' = 4x + 3$ となるから正しいとわかる.

60　第 6 章　積分

問 6.2　次の不定積分を求めよ.

(1) $\displaystyle\int (2x-3)\,dx$

(2) $\displaystyle\int \frac{3}{x\sqrt{x}}\,dx$

(3) $\displaystyle\int \frac{4x+1}{2}\,dx$

(4) $\displaystyle\int (x^2+2x+3)\,dx$

(5) $\displaystyle\int (-2x^2+5x+1)\,dx$

(6) $\displaystyle\int \left(\frac{x^2}{3}+\frac{1}{2}-\frac{1}{x^3}\right)dx$

(7) $\displaystyle\int (5x^3+x^2-3x)\,dx$

(8) $\displaystyle\int \frac{2+x}{x^3}\,dx$

(9) $\displaystyle\int \frac{3-2x}{x^3}\,dx$

(10) $\displaystyle\int \left(6x-\frac{1}{2\sqrt{x}}\right)dx$

(11) $\displaystyle\int \frac{\sqrt{x}}{2}(1+2x)\,dx$

(12) $\displaystyle\int (x+\sqrt{x})\left(\frac{1}{x}+\frac{1}{\sqrt{x}}\right)dx$

(13) $\displaystyle\int \frac{\sqrt{x}-2}{x^2}\,dx$

(14) $\displaystyle\int \frac{(x-2)^3}{\sqrt[3]{x^2}}\,dx$

【その他の関数の不定積分】　(5.7) より三角関数の積分について次が得られる.

$$\int \cos ax\,dx = \frac{1}{a}\sin ax + C$$

$$\int \sin ax\,dx = -\frac{1}{a}\cos ax + C$$

また, (5.9) より次を得る.

$$\int e^{ax}\,dx = \frac{1}{a}e^{ax} + C$$

$$\int \frac{1}{x}\,dx = \log|x| + C$$

!　(5.9) では $(\log x)' = \dfrac{1}{x}$ であったから, $\displaystyle\int \frac{1}{x}\,dx = \log x + C$ としたいところだが, 関数 $y = \dfrac{1}{x}$ は $x<0$ でも定義される. $\displaystyle\int \frac{1}{x}\,dx = \log|x| + C$ は, $x<0$ の範囲でも成り立つ公式である. 実際, $x<0$ のとき, $\log|x| = \log(-x)$ であり, $-x = u$ とおくと 合成関数の微分法により

$$\{\log(-x)\}' = (\log u)' \cdot u' = \frac{1}{u}\cdot(-x)' = \frac{1}{-x}\cdot(-1) = \frac{1}{x}$$

である.

例題 6.3

次の不定積分を求めよ.

(1) $\displaystyle\int \cos 4x\,dx$

(2) $\displaystyle\int \sin\frac{x}{2}\,dx$

(3) $\displaystyle\int \cos^2 x\,dx$

6.1 不定積分　　*61*

解答

(1) $\displaystyle\int \cos 4x\,dx = \frac{1}{4}\sin 4x + C.$

(2) $\displaystyle\int \sin\frac{x}{2}\,dx = \int \sin\frac{1}{2}x\,dx$ であり，$\dfrac{1}{2}$ の逆数は 2 であるから，

$\displaystyle\int \sin\frac{x}{2}\,dx = -2\cos\frac{x}{2} + C.$

(3) 半角の公式より

$$\int \cos^2 x\,dx = \int \frac{1+\cos 2x}{2}\,dx = \frac{1}{2}x + \frac{1}{4}\sin 2x + C.$$

問 6.3 次の不定積分を求めよ．

(1) $\displaystyle\int \cos 5x\,dx$ 　　　　　　　　(2) $\displaystyle\int \sin 3x\,dx$

(3) $\displaystyle\int \cos\frac{4x}{5}\,dx$ 　　　　　　　(4) $\displaystyle\int \sin\frac{7x}{2}\,dx$

(5) $\displaystyle\int \left(2\sin 3x - 4\cos\frac{x}{2}\right)dx$ 　　(6) $\displaystyle\int \left(\frac{1}{4}\sin\frac{3x}{8} + \frac{2}{5}\cos 2x\right)dx$

(7) $\displaystyle\int \sin^2 x\,dx$ 　　　　　　　(8) $\displaystyle\int \cos^2 3x\,dx$

例題 6.4 ─────

次の不定積分を求めよ．

(1) $\displaystyle\int e^{2x}\,dx$ 　　　(2) $\displaystyle\int e^{-\frac{2x}{3}}\,dx$ 　　　(3) $\displaystyle\int \frac{2x-3}{x}\,dx$

解答

(1) $\displaystyle\int e^{2x}\,dx = \frac{1}{2}e^{2x} + C$

(2) $\displaystyle\int e^{-\frac{2x}{3}}\,dx = -\frac{3}{2}e^{-\frac{2x}{3}} + C$

(3) $\displaystyle\int \frac{2x-3}{x}\,dx = \int\left(2 - \frac{3}{x}\right)dx = \int 2\,dx - 3\int\frac{1}{x}\,dx = 2x - 3\log|x| + C$

問 6.4 次の不定積分を求めよ．

(1) $\displaystyle\int e^{5x}\,dx$ 　　　(2) $\displaystyle\int e^{-6x}\,dx$ 　　　(3) $\displaystyle\int e^{\frac{4x}{7}}\,dx$

(4) $\displaystyle\int (e^{\frac{5x}{6}})^3\,dx$ 　　(5) $\displaystyle\int (e^{2x} - e^{\frac{x}{2}})^2\,dx$ 　　(6) $\displaystyle\int \frac{3}{4x}\,dx$

(7) $\displaystyle\int \frac{2x^2 + 5x - 3}{x^2}\,dx$ 　(8) $\displaystyle\int \left(\sqrt{2x} - \frac{1}{\sqrt{2x}}\right)^2 dx$

62　第 6 章　積分

6.2　定積分

$f(x)$ の原始関数の 1 つを $F(x)$ とするとき，$F(b) - F(a)$ を $y = f(x)$ の a から b までの定積分といい，$\displaystyle\int_a^b f(x)\,dx$ と表す．b を積分の**上端**，a を**下端**という．また，$F(b) - F(a)$ を簡単に $[F(x)]_a^b$ と表すと便利である：$[F(x)]_a^b = F(b) - F(a)$.

定積分は原始関数の選び方にはよらない．関数 $y = f(x)$ の任意の原始関数を $F(x)$, $G(x)$ とすると $G(x) = F(x) + C$（C はある定数）と表せるから，$G(b) - G(a) = (F(b) + C) - (F(a) + C) = F(b) - F(a)$ となるからである．定積分の図形的な意味は 6.3 節で述べることにしよう．

定積分の定義

$f(x)$ の原始関数の 1 つを $F(x)$ とするとき，

$$\int_a^b f(x)\,dx = [F(x)]_a^b = F(b) - F(a)$$

基本性質

定数 c_1, c_2 に対して

$$\int_a^b (c_1\,f(x) + c_2\,g(x))\,dx = c_1\int_a^b f(x)\,dx + c_2\int_a^b g(x)\,dx$$

定積分のその他の性質

$$(1)\quad \int_a^b f(x)\,dx = \int_a^b f(t)\,dt$$

$$(2)\quad \int_a^a f(x)\,dx = 0$$

$$(3)\quad \int_a^b f(x)\,dx = -\int_b^a f(x)\,dx$$

$$(4)\quad \int_a^c f(x)\,dx + \int_c^b f(x)\,dx = \int_a^b f(x)\,dx$$

【x^α の定積分】　　まず，関数 $f(x) = x^\alpha$ $(\alpha \neq -1)$ の定積分を扱おう．

例題 6.5

次の定積分の値を求めよ．

$$(1)\quad \int_1^2 x^2\,dx \qquad (2)\quad \int_1^8 \sqrt[3]{x^2}\,dx \qquad (3)\quad \int_{-2}^{-1} \frac{1}{x^2}\,dx$$

解答　定積分は積分定数 C に無関係なので，初めから C を省いて計算する．

$(1)\ \displaystyle\int_1^2 x^2\,dx = \left[\frac{1}{3}x^3\right]_1^2 = \frac{1}{3}\left[x^3\right]_1^2 = \frac{1}{3}\left(2^3 - 1\right) = \frac{7}{3}$

$$(2) \int_1^8 \sqrt[3]{x^2}\,dx = \int_1^8 x^{\frac{2}{3}}\,dx = \left[\frac{3}{5}x^{\frac{5}{3}}\right]_1^8 = \frac{3}{5}\left[x^{\frac{5}{3}}\right]_1^8 = \frac{3}{5}\left(8^{\frac{5}{3}}-1\right)$$
$$= \frac{3}{5}\left(2^5-1\right) = \frac{3}{5}(32-1) = \frac{93}{5}$$

$$(3) \int_{-2}^{-1} \frac{1}{x^2}\,dx = \int_{-2}^{-1} x^{-2}\,dx = \left[-x^{-1}\right]_{-2}^{-1} = -\left[\frac{1}{x}\right]_{-2}^{-1}$$
$$= -\left(\frac{1}{-1} - \frac{1}{-2}\right) = -\left(-1+\frac{1}{2}\right) = \frac{1}{2}$$

> **問 6.5** 次の定積分の値を求めよ.
>
> (1) $\displaystyle\int_{-2}^2 x^3\,dx$ (2) $\displaystyle\int_1^{\sqrt{2}} x^5\,dx$ (3) $\displaystyle\int_1^2 x^{-3}\,dx$
>
> (4) $\displaystyle\int_0^8 x^{\frac{1}{3}}\,dx$ (5) $\displaystyle\int_1^4 x^{-\frac{1}{2}}\,dx$ (6) $\displaystyle\int_4^9 \sqrt{x}\,dx$
>
> (7) $\displaystyle\int_0^1 \sqrt[5]{x^2}\,dx$ (8) $\displaystyle\int_1^4 \sqrt[4]{x^3}\,dx$ (9) $\displaystyle\int_3^5 \frac{1}{x^3}\,dx$
>
> (10) $\displaystyle\int_{-3}^{-2} \frac{1}{x^2}\,dx$ (11) $\displaystyle\int_4^9 \frac{1}{\sqrt{x}}\,dx$ (12) $\displaystyle\int_1^9 \frac{1}{\sqrt[4]{x^3}}\,dx$

例題 6.6

次の定積分の値を求めよ.

(1) $\displaystyle\int_1^2 (2x+3)\,dx$ (2) $\displaystyle\int_0^4 \left(1+\sqrt{x}\right)^2\,dx$

解答

$$(1) \int_1^2 (2x+3)\,dx = \left[x^2+3x\right]_1^2 = (4+6)-(1+3) = 6$$

$$(2) \int_0^4 \left(1+\sqrt{x}\right)^2\,dx = \int_0^4 (1+2\sqrt{x}+x)\,dx = \left[x+\frac{4}{3}x\sqrt{x}+\frac{x^2}{2}\right]_0^4$$
$$= 4+\frac{32}{3}+8 = \frac{68}{3}$$

64   第 6 章   積分

問 6.6   次の定積分の値を求めよ.

(1) $\displaystyle\int_1^3 \frac{x}{3}\,dx$

(2) $\displaystyle\int_{-5}^{-3} (2x+5)\,dx$

(3) $\displaystyle\int_{-2}^2 (-6x-1)\,dx$

(4) $\displaystyle\int_0^2 (x^2-2x+3)\,dx$

(5) $\displaystyle\int_{-1}^1 (-2x^2+x-5)\,dx$

(6) $\displaystyle\int_{-1}^3 (4x^3-3x^2+2x-1)\,dx$

(7) $\displaystyle\int_{-1}^2 (x-2)(x+1)\,dx$

(8) $\displaystyle\int_2^3 \frac{x^2-4x}{2x}\,dx$

(9) $\displaystyle\int_1^2 \frac{x+1}{x^3}\,dx$

(10) $\displaystyle\int_{-2}^{-1} \frac{x+x^{-1}}{x}\,dx$

(11) $\displaystyle\int_0^4 (3-\sqrt{x})^2\,dx$

(12) $\displaystyle\int_1^4 \frac{3x-2}{\sqrt{x}}\,dx$

【その他の関数の定積分】   次に,$\cos ax$, $\sin ax$, e^{ax}, $\dfrac{1}{x}$ の定積分を扱おう.

例題 6.7

次の定積分の値を求めよ.

(1) $\displaystyle\int_0^{\frac{\pi}{6}} \cos 2x\,dx$

(2) $\displaystyle\int_\pi^{2\pi} \sin \frac{x}{3}\,dx$

解答

(1) $\displaystyle\int_0^{\frac{\pi}{6}} \cos 2x\,dx = \left[\frac{1}{2}\sin 2x\right]_0^{\frac{\pi}{6}} = \frac{1}{2}\sin\frac{\pi}{3} - \frac{1}{2}\sin 0 = \frac{\sqrt{3}}{4}$

(2) $\displaystyle\int_\pi^{2\pi} \sin\frac{x}{3}\,dx = \left[-3\cos\frac{x}{3}\right]_\pi^{2\pi} = -3\cos\frac{2\pi}{3} - \left(-3\cos\frac{\pi}{3}\right)$
$= \frac{3}{2} + \frac{3}{2} = 3$

問 6.7   次の定積分の値を求めよ.

(1) $\displaystyle\int_0^{\frac{\pi}{8}} \cos 4x\,dx$

(2) $\displaystyle\int_0^{\frac{\pi}{12}} \sin 8x\,dx$

(3) $\displaystyle\int_{-\frac{\pi}{4}}^{\frac{3\pi}{8}} \cos\frac{2x}{3}\,dx$

(4) $\displaystyle\int_1^{\frac{4}{3}} \sin\frac{\pi x}{2}\,dx$

(5) $\displaystyle\int_{\frac{\pi}{6}}^{\frac{\pi}{4}} \cos^2 x\,dx$

(6) $\displaystyle\int_0^{2\pi} \sin^2\frac{x}{6}\,dx$

例題 6.8

次の定積分の値を求めよ．

(1) $\displaystyle\int_0^3 e^{2x}\,dx$ 　　(2) $\displaystyle\int_3^6 e^{-\frac{x}{3}}\,dx$ 　　(3) $\displaystyle\int_1^3 \frac{2x^2+5x+4}{x^2}\,dx$

解答

(1) $\displaystyle\int_0^3 e^{2x}\,dx = \left[\frac{1}{2}e^{2x}\right]_0^3 = \frac{1}{2}(e^6-1)$

(2) $\displaystyle\int_3^6 e^{-\frac{x}{3}}\,dx = \left[-3e^{-\frac{x}{3}}\right]_3^6 = -3e^{-2}-(-3e^{-1}) = 3(e^{-1}-e^{-2})$

(3) $\displaystyle\int_1^3 \frac{2x^2+5x+4}{x^2}\,dx = \int_1^3 \left(2+\frac{5}{x}+\frac{4}{x^2}\right)dx$

$\displaystyle\qquad = \int_1^3 2\,dx + 5\int_1^3 \frac{1}{x}\,dx + 4\int_1^3 x^{-2}\,dx$

$\displaystyle\qquad = \Big[2x\Big]_1^3 + 5\Big[\log|x|\Big]_1^3 + 4\left[-\frac{1}{x}\right]_1^3$

$\displaystyle\qquad = 4 + 5\log 3 + \frac{8}{3} = \frac{20}{3} + 5\log 3$

問 6.8 次の定積分の値を求めよ．

(1) $\displaystyle\int_0^2 e^{4x}\,dx$ 　　(2) $\displaystyle\int_1^3 e^{-2x}\,dx$ 　　(3) $\displaystyle\int_0^2 e^{\frac{3x}{2}}\,dx$

(4) $\displaystyle\int_0^{3\log 2} e^{\frac{x}{3}}\,dx$ 　　(5) $\displaystyle\int_{-1}^1 \frac{1}{e^{3x}}\,dx$ 　　(6) $\displaystyle\int_{-5}^{-1} \frac{1}{x}\,dx$

(7) $\displaystyle\int_1^2 \frac{x^2-4x+5}{x^3}\,dx$ 　　(8) $\displaystyle\int_1^4 \left(x+\frac{1}{\sqrt{x}}\right)^2 dx$

6.3 定積分と面積

関数 $y=f(x)$ が $a \leqq x \leqq b$ において連続であり，$\underline{f(x) \geqq 0}$ をみたしているとする．このとき，直線 $x=a$, $x=b$ と x 軸，$y=f(x)$ のグラフとで囲まれた部分（右図の灰色の部分）の面積 S は，定積分

$$\int_a^b f(x)\,dx \qquad (6.3)$$

に等しい．すなわち

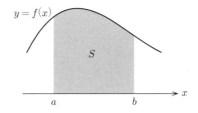

$$f(x) \geqq 0 \text{ のとき} \quad S = \int_a^b f(x)\,dx$$

この式がなぜ成り立つかをみてみよう．

$S(x)$ を図 6.1 左で示された灰色部分の面積とする．面積 $S(x)$ は x の値に応じて変化するが，それがどのような関数なのかを導関数

$$S'(x) = \lim_{h \to 0} \frac{S(x+h) - S(x)}{h}$$

から考える．$h > 0$ のとき，$S(x+h) - S(x)$ は図 6.1 中央の濃い灰色の部分の面積である．図 6.1 右のように，x と $x+h$ の間の t をうまく選ぶと，底辺の長さ h，高さ $f(t)$ の長方形の面積 $h \times f(t)$ が

$$S(x+h) - S(x) = h \times f(t)$$

をみたすようにできる．ここで，$h \to 0$ のとき t は x に近づくから，

$$S'(x) = \lim_{h \to 0} \frac{S(x+h) - S(x)}{h} = \lim_{h \to 0} \frac{h \times f(t)}{h} = \lim_{h \to 0} f(t) = f(x)$$

となる．これは $S(x)$ が $f(x)$ の原始関数であることを意味するから

$$\int f(x)\,dx = S(x) + C.$$

したがって，定積分の定義にもどって

$$\int_a^b f(x)\,dx = [S(x)]_a^b = S(b) - S(a) = S - 0 = S$$

であり，目的の式を示すことができた．

$a \leqq x \leqq b$ において $f(x) \leqq 0$ の場合は，図 6.2 における灰色部分の面積を S とすると，定積分 (6.3) の値は負で，$-S$ に等しくなる．つまり，

$$f(x) \leqq 0 \text{ のとき} \quad S = -\int_a^b f(x)\,dx$$

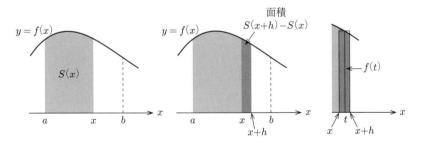

図 **6.1** $S(x)$ とその微小変化

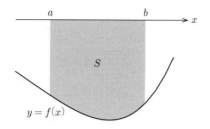

図 **6.2** 関数の値が負の場合

> **例題 6.9**
> xy 平面における次の部分の面積 S を求めよ．
> (1) $y = \dfrac{1}{2}x^2 + 3$ と x 軸，および 2 直線 $x = 0, x = 2$ で囲まれた部分
> (2) 放物線 $y = x^2 - x - 2$ と x 軸で囲まれた部分

解答　面積の問題はまずグラフを描いてから考える．図 6.3 の灰色部分の面積を求めることになる．

(1) $\quad S = \displaystyle\int_0^2 \left(\dfrac{1}{2}x^2 + 3\right) dx = \left[\dfrac{1}{6}x^3 + 3x\right]_0^2 = \dfrac{8}{6} + 6 = \dfrac{22}{3}.$

(2)　放物線と x 軸（直線 $y = 0$）の交点の x 座標は，$x^2 - x - 2 = 0$ を解いて $x = -1, 2$．$-1 \leqq x \leqq 2$ では $f(x) \leqq 0$ に注意して

$$S = -\int_{-1}^2 (x^2 - x - 2)\,dx = -\left[\dfrac{1}{3}x^3 - \dfrac{1}{2}x^2 - 2x\right]_{-1}^2 = \dfrac{9}{2}.$$

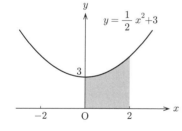
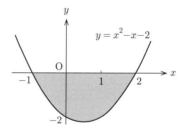

図 **6.3**　(1) は左，(2) は右の灰色部分の面積を求める

問 6.9　xy 平面における次の部分の面積 S を求めよ．
(1) $y = x^2 + x + 1$ と x 軸，および 2 直線 $x = 0, x = 1$ で囲まれた部分
(2) $y = x^2 + 2x - 3$ と x 軸で囲まれた部分

$a \leqq x \leqq b$ で常に $f(x) \geqq g(x)$ のとき，2曲線 $y = f(x), y = g(x)$ および2直線 $x = a, x = b$ で囲まれた部分の面積を S とする．$S = \int_a^b (f(x) - g(x)) \, dx$ となることは，$f(x) \geqq g(x) \geqq 0$ のときは，図から明らかであろう．$f(x)$ や $g(x)$ が負のときも同じ結果が成立する．

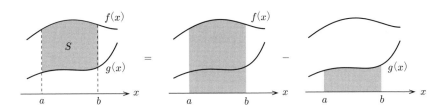

図 6.4　2直線 $x = a$, $x = b$ と $f(x)$, $g(x)$ のグラフで囲まれた面積

$$f(x) \geqq g(x) \text{ のとき}, \ S = \int_a^b \bigl(f(x) - g(x)\bigr) dx$$

---- 例題 6.10 ----

xy 平面における次の部分の面積 S を求めよ．

(1) 放物線 $y = x^2 + 2$ と直線 $y = x$, y 軸，直線 $x = 1$ で囲まれた部分

(2) 2つの放物線 $y = x^2 - 6x + 10$ と $y = -x^2 + 4x + 2$ で囲まれた部分

(3) 3次曲線 $y = x^3 - 3x$ と直線 $y = 2$ で囲まれた部分

解答

(1) グラフは図 6.5（次ページ）のようになる．y 軸（直線 $x=0$）と直線 $x=1$ の間で，放物線 $y = x^2 + 2$ が直線 $y = x$ より上にあるから，求める面積 S は
$$S = \int_0^1 \left\{(x^2 + 2) - x\right\} dx = \int_0^1 (x^2 - x + 2) \, dx$$
$$= \left[\frac{1}{3}x^3 - \frac{1}{2}x^2 + 2x\right]_0^1 = \frac{11}{6}.$$

(2) 2つの放物線で囲まれた面積を図 6.4 にそって求めるには，a と b に相当する x の値が，2つの放物線の交点の x 座標であることに気づくことが必要である．交点の x 座標は $x^2 - 6x + 10 = -x^2 + 4x + 2$ を解いて $x = 1, 4$. したがって，$x = 1$ から $x = 4$ までの範囲で上側の関数から下側の関数を

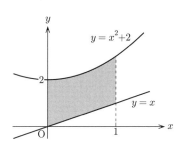
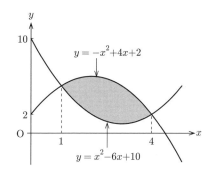

図 6.5 (1) は左，(2) は右の灰色部分の面積を求める

引いたものを積分すればよい．

$$S = \int_1^4 \left\{(-x^2+4x+2)-(x^2-6x+10)\right\}dx$$
$$= \int_1^4 (-2x^2+10x-8)dx = \left[-\frac{2}{3}x^3+5x^2-8x\right]_1^4 = 9.$$

(3) この 3 次曲線のグラフは例題 5.4 で描いてある．直線 $y=2$ は，点 $(0,2)$ を通り x 軸に平行な直線で，点 $(-1,2)$ において 3 次曲線に接している（右図）．これらの交点を求めるために，両式を等しくおいた方程式を解く．
$x^3-3x=2$ より
$$x^3-3x-2=0.$$

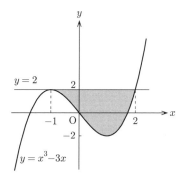

因数定理または $x=-1$ が重解であることを使って因数分解すると
$$(x+1)^2(x-2)=0 \quad \text{ゆえに} \quad x=-1\,(\text{重解}), 2.$$
したがって，$x=-1$ から $x=2$ までの範囲で上側の関数から下側の関数を引いたものを積分すればよい．
$$S = \int_{-1}^2 \left\{2-(x^3-3x)\right\}dx = \int_{-1}^2 (-x^3+3x+2)\,dx$$
$$= \left[-\frac{1}{4}x^4+\frac{3}{2}x^2+2x\right]_{-1}^2 = \frac{27}{4}.$$

70   第6章　積分

問 **6.10**　xy 平面において次の部分を図示し，その面積 S を求めよ.

(1)　放物線 $y = x^2$, 直線 $y = -x - 3$, y 軸と直線 $x = 3$ で囲まれた部分

(2)　放物線 $y = -x^2 + 1$ と 3 直線 $y = 2$, $x = -1$, $x = 1$ で囲まれた部分

(3)　放物線 $y = x^2$, 放物線 $y = 2x^2$ と直線 $x = 3$ で囲まれた部分

(4)　放物線 $y = -x^2$, 放物線 $y = -\dfrac{1}{4}x^2$ と直線 $x = -1$ で囲まれた部分

(5)　放物線 $y = x^2 + x$ と直線 $y = -x$ で囲まれた部分

(6)　放物線 $y = -x^2 + x + 3$ と直線 $y = 2x + 1$ で囲まれた部分

(7)　2 つの放物線 $y = x^2 - 5x + 6$ と $y = -x^2 + x + 2$ で囲まれた部分

(8)　2 つの放物線 $y = x^2 + 2x + 2$ と $y = -2x^2 + 5x + 2$ で囲まれた部分

(9)　3 次曲線 $y = -x^3 + 6x^2 - 12x + 7$ と x 軸, y 軸で囲まれた部分

(10)　3 次曲線 $y = x^3 - 3x^2 + 3x$ と 直線 $y = 3x - 4$ で囲まれた部分

6.4　部分積分法と置換積分法

【部分積分法】　微分法で学んだように，積の微分公式は

$$(f(x)g(x))' = f'(x)g(x) + f(x)g'(x)$$

であった. $f(x)g(x)$ は右辺の原始関数であるから

$$f(x)g(x) = \int f'(x)g(x)\,dx + \int f(x)g'(x)\,dx$$

を得る. この式を右辺第 2 項について解くことによって次の結果を得る.

> **部分積分の公式**
>
> $$\int f(x)g'(x)\,dx = f(x)g(x) - \int f'(x)g(x)\,dx$$

例題 6.11

次の不定積分を計算せよ.

(1)　$\displaystyle\int xe^{2x}\,dx$　　　　(2)　$\displaystyle\int x\sin 3x\,dx$　　　　(3)　$\displaystyle\int x^2 \log x\,dx$

(4)　$\displaystyle\int \log x\,dx$

解答　整式 × 三角関数，整式 × 指数関数 は整式を $f(x)$ として微分する方向で，整式 × 対数関数 は対数関数を $f(x)$ として微分する方向で公式を使うとよい.

(1) 公式で $f(x) = x, g'(x) = e^{2x}$ とおくと， $f'(x) = 1, g(x) = \dfrac{1}{2}e^{2x}$ より

$$\int xe^{2x}\,dx = x \cdot \frac{1}{2}e^{2x} - \int 1 \cdot \frac{1}{2}e^{2x}\,dx$$
$$= \frac{1}{2}xe^{2x} - \frac{1}{2}\int e^{2x}\,dx = \frac{1}{2}xe^{2x} - \frac{1}{4}e^{2x} + C.$$

(2) 公式で $f(x) = x, g'(x) = \sin 3x.$ $f'(x) = 1, g(x) = -\dfrac{1}{3}\cos 3x$ より

$$\int x\sin 3x\,dx = x \cdot \left(-\frac{1}{3}\cos 3x\right) - \int 1 \cdot \left(-\frac{1}{3}\cos 3x\right)dx$$
$$= -\frac{1}{3}x\cos 3x + \frac{1}{3}\int \cos 3x\,dx$$
$$= -\frac{1}{3}x\cos 3x + \frac{1}{9}\sin 3x + C.$$

(3) 公式で $f(x) = \log x, g'(x) = x^2$ とおくと， $f'(x) = \dfrac{1}{x}, g(x) = \dfrac{1}{3}x^3$ より

$$\int x^2 \log x\,dx = \int (\log x)x^2\,dx = (\log x) \cdot \frac{1}{3}x^3 - \int \frac{1}{x} \cdot \frac{1}{3}x^3\,dx$$
$$= \frac{1}{3}x^3 \log x - \frac{1}{3}\int x^2\,dx = \frac{1}{3}x^3 \log x - \frac{1}{9}x^3 + C.$$

(4) 公式で $f(x) = \log x, g'(x) = 1$ とおくと， $f'(x) = \dfrac{1}{x}, g(x) = x$ より

$$\int \log x\,dx = \int (\log x) \cdot 1\,dx = (\log x)x - \int \frac{1}{x} \cdot x\,dx$$
$$= x\log x - \int 1\,dx = x\log x - x + C.$$

$\boxed{!}$ 部分積分の公式において，どちらの関数を $f(x)$ や $g'(x)$ におけばよいのか判断ができない場合には両方試してみるとよい．公式を使った後に現れる積分の計算が元の問題よりも難しいものになってしまった場合には $f(x)$ と $g'(x)$ を入れ換えて試してみよ．

問 6.11 次の不定積分を計算せよ．

(1) $\displaystyle\int xe^{-x}\,dx$ (2) $\displaystyle\int (2x-3)e^{-2x}\,dx$ (3) $\displaystyle\int xe^{\frac{1}{2}x}\,dx$

(4) $\displaystyle\int x\cos 2x\,dx$ (5) $\displaystyle\int (3x+2)\sin x\,dx$ (6) $\displaystyle\int x\cos\frac{\pi}{3}x\,dx$

(7) $\displaystyle\int x^3 \log x\,dx$ (8) $\displaystyle\int \frac{\log x}{x^2}\,dx$ (9) $\displaystyle\int \frac{\log x}{\sqrt{x}}\,dx$

72 第6章 積分

【置換積分法】　合成関数の微分法で学んだように

$$(F(g(x)))' = F'(g(x))g'(x) \tag{6.4}$$

であるから，$F(g(x))$ は右辺の原始関数である．ゆえに，次が成り立つ．

$$F(g(x)) = \int F'(g(x))g'(x)\,dx$$

ここで $g(x)=t$ と変数を置き換え，$F'(t)=f(t)$ と書けば $F(t)=\int f(t)\,dt$ だから

$$\int f(t)\,dt = \int f(g(x))g'(x)\,dx \tag{6.5}$$

を得る．この式において単純に変数の文字 x と t を入れ替えると次の公式を得る．

置換積分の公式 1

$$\int f(x)\,dx = \int f(g(t))g'(t)\,dt \quad (x = g(t))$$

または

$$\int f(x)\,dx = \int f(g(t))\frac{dx}{dt}\,dt$$

公式 1 は微分を意味する記号 $\dfrac{dx}{dt}$ が分数と同様に扱え，$dx = g'(t)dt$ としてよいことを示している．

例題 6.12

次の不定積分を計算せよ．

(1) $\displaystyle \int (5x-3)^3\,dx$　　　　(2) $\displaystyle \int \frac{1}{2x+1}\,dx$

(3) $\displaystyle \int \sqrt{3x-2}\,dx$　　　　(4) $\displaystyle \int \sin\left(\frac{1}{2}x+3\right)\,dx$

解答　被積分関数をみて，どのような x の式を t とおいたらよいか考える．

(1)　$5x-3=t$ とおくと $x=\dfrac{1}{5}(t+3)$. 両辺を t で微分すると $\dfrac{dx}{dt}=\dfrac{1}{5}$. よって $dx=\dfrac{1}{5}dt$ であるから

$$\int (5x-3)^3\,dx = \int t^3 \cdot \frac{1}{5}\,dt = \frac{1}{5}\int t^3\,dt = \frac{1}{20}t^4 + C$$

$$= \frac{1}{20}(5x-3)^4 + C. \qquad (x \text{ の式にもどした})$$

(2)　$2x+1=t$ とおくと $x=\dfrac{1}{2}(t-1)$. 両辺を t で微分すると $\dfrac{dx}{dt}=\dfrac{1}{2}$ な

ので $dx = \dfrac{1}{2}dt$. これより

$$\int \frac{1}{2x+1}\,dx = \int \frac{1}{t} \cdot \frac{1}{2}\,dt = \frac{1}{2}\int \frac{1}{t}\,dt$$

$$= \frac{1}{2}\log|t| + C = \frac{1}{2}\log|2x+1| + C.$$

(3) $3x - 2 = t$ とおくと $x = \dfrac{1}{3}(t+2)$. 両辺を t で微分すると $\dfrac{dx}{dt} = \dfrac{1}{3}$ なので $dx = \dfrac{1}{3}dt$. これより

$$\int \sqrt{3x-2}\,dx = \int \sqrt{t} \cdot \frac{1}{3}\,dt = \frac{1}{3}\int t^{\frac{1}{2}}\,dt$$

$$= \frac{1}{3} \cdot \frac{2}{3}t^{\frac{3}{2}} + C = \frac{2}{9}\sqrt{t^3} + C = \frac{2}{9}\sqrt{(3x-2)^3} + C.$$

(4) $\dfrac{1}{2}x + 3 = t$ とおくと $x = 2(t-3)$. 両辺を t で微分すると $\dfrac{dx}{dt} = 2$ なので $dx = 2dt$. これより

$$\int \sin\left(\frac{1}{2}x+3\right)dx = \int \sin t \cdot 2\,dt = 2\int \sin t\,dt$$

$$= 2(-\cos t) + C = -2\cos\left(\frac{1}{2}x+3\right) + C.$$

(6.4) において, 特に $g(x) = ax + b$ $(a(\neq 0),\ b$ は定数$)$ の場合には,

$$\{F(ax+b)\}' = F'(ax+b) \cdot a = af(ax+b)$$

$$\text{すなわち} \quad \left\{\frac{1}{a}F(ax+b)\right\}' = f(ax+b)$$

であるから次の公式を得る。

置換積分の公式 2

$$\int f(ax+b)\,dx = \frac{1}{a}F(ax+b) + C.$$

この公式を用いると例題 6.12 は以下のように解くこともできる。

例題 6.12 の別解

(1) $f(x) = x^3$ のとき $F(x) = \dfrac{1}{4}x^4 + C$ であるから公式 2 より

$$\int (5x-3)^3\,dx = \frac{1}{5} \cdot \frac{1}{4}(5x-3)^4 + C = \frac{1}{20}(5x-3)^4 + C.$$

(2) $f(x) = \dfrac{1}{x}$ のとき $F(x) = \log|x| + C$ であるから公式 2 より

$$\int \frac{1}{2x+1}\,dx = \int (2x+1)^{-1}\,dx = \frac{1}{2}\log|2x+1| + C.$$

74　第6章　積分

(3)　$f(x) = x^{\frac{1}{2}}$ のとき $F(x) = \dfrac{2}{3}x^{\frac{3}{2}} + C$ であるから公式2より

$$\int \sqrt{3x-2}\,dx = \int (3x-2)^{\frac{1}{2}}\,dx = \frac{1}{3}\cdot\frac{2}{3}(3x-2)^{\frac{3}{2}}+C = \frac{2}{9}\sqrt{(3x-2)^3}+C.$$

(4)　$f(x) = \sin x$ のとき $F(x) = -\cos x + C$ であるから公式2より

$$\int \sin\left(\frac{1}{2}x+3\right)dx = -2\cos\left(\frac{1}{2}x+3\right)+C.$$

問 6.12　次の不定積分を計算せよ.

(1) $\displaystyle\int (3x+5)^4\,dx$ 　　　(2) $\displaystyle\int \left(\frac{1}{3}x+2\right)^8 dx$ 　　(3) $\displaystyle\int \frac{1}{(2x+5)^3}\,dx$

(4) $\displaystyle\int \frac{1}{5x-3}\,dx$ 　　　(5) $\displaystyle\int \sqrt{1-x}\,dx$ 　　(6) $\displaystyle\int \frac{1}{\sqrt{4x+1}}\,dx$

(7) $\displaystyle\int \cos(2x+3)\,dx$ 　(8) $\displaystyle\int \sin(\pi x-2)\,dx$ 　(9) $\displaystyle\int \cos\left(\frac{x}{6}+1\right)dx$

(6.5) の左辺と右辺を入れ替えて次の公式を得る.

置換積分の公式 3

$$\int f(g(x))g'(x)\,dx = \int f(t)\,dt \quad (g(x)=t)$$

または

$$\int f(g(x))\frac{dt}{dx}\,dx = \int f(t)\,dt$$

$g(x) = t$ とおき両辺を x で微分すると $g'(x) = \dfrac{dt}{dx}$ であるが, 公式3は微分を意味する記号 $\dfrac{dt}{dx}$ が分数と同様に扱え, $g'(x)dx = dt$ としてよいことを示している.

例題 6.13

( ) 内の変数変換をすることにより, 次の不定積分を計算せよ.

(1) $\displaystyle\int \frac{x}{x^2+1}\,dx$ 　$(x^2+1=t)$ 　　(2) $\displaystyle\int e^x(e^x+1)^5\,dx$ 　$(e^x+1=t)$

(3) $\displaystyle\int \sin^2 x\cos x\,dx$ 　$(\sin x=t)$ 　　(4) $\displaystyle\int \frac{\log x}{x}\,dx$ 　$(\log x=t)$

6.4 部分積分法と置換積分法　75

解答

(1) $x^2 + 1 = t$ とおき両辺を x で微分すると，$2x = \dfrac{dt}{dx}$ より $2xdx = dt$ だから

$$\int \frac{x}{x^2 + 1}\, dx = \frac{1}{2} \int \frac{1}{x^2 + 1} \cdot 2x\, dx = \frac{1}{2} \int \frac{1}{t}\, dt$$

$$= \frac{1}{2} \log|t| + C = \frac{1}{2} \log|x^2 + 1| + C = \frac{1}{2} \log(x^2 + 1) + C.$$

(2) $e^x + 1 = t$ とおくと $e^x = \dfrac{dt}{dx}$ より $e^x\, dx = dt$ であるから

$$\int e^x(e^x + 1)^5\, dx = \int (e^x + 1)^5 e^x\, dx = \int t^5 dt$$

$$= \frac{1}{6} t^6 + C = \frac{1}{6}(e^x + 1)^6 + C.$$

(3) $\sin x = t$ とおくと $\cos x = \dfrac{dt}{dx}$ より $\cos x\, dx = dt$ であるから

$$\int \sin^2 x \cos x\, dx = \int (\sin x)^2 \cos x\, dx$$

$$= \int t^2\, dt = \frac{1}{3} t^3 + C = \frac{1}{3}(\sin x)^3 + C = \frac{1}{3} \sin^3 x + C.$$

(4) $\log x = t$ とおくと $\dfrac{1}{x} = \dfrac{dt}{dx}$ より $\dfrac{1}{x}\, dx = dt$ であるから

$$\int \frac{\log x}{x}\, dx = \int \log x \cdot \frac{1}{x}\, dx = \int t\, dt = \frac{1}{2} t^2 + C = \frac{1}{2}(\log x)^2 + C.$$

問 6.13 （ ）内の変数変換をすることにより，次の不定積分を計算せよ．

(1) $\displaystyle\int x(x^2 + 1)^3\, dx \quad (x^2 + 1 = t)$

(2) $\displaystyle\int \frac{x + 1}{x^2 + 2x + 3}\, dx \quad (x^2 + 2x + 3 = t)$

(3) $\displaystyle\int \cos^4 x \sin x\, dx \quad (\cos x = t)$

(4) $\displaystyle\int \frac{\cos x}{\sin x}\, dx \quad (\sin x = t)$

(5) $\displaystyle\int \frac{e^x}{e^x + 1}\, dx \quad (e^x + 1 = t)$

(6) $\displaystyle\int \frac{e^{2x}}{\sqrt{e^{2x} + 1}}\, dx \quad (e^{2x} + 1 = t)$

(7) $\displaystyle\int \frac{(\log x)^3}{x}\, dx \quad (\log x = t)$

(8) $\displaystyle\int \frac{1 + \log x}{(1 + x \log x)^2}\, dx \quad (1 + x \log x = t)$

7

複 素 数

7.1 複素数の計算

どのような実数 a に対しても a^2 は決して負にはならない．しかし，2乗したら負になるような「数」を考えるとさまざまな場面で便利である．そのような負の数の平方根を新たに導入して，次のように数の範囲を拡張しよう．

まず，$x^2 + 1 = 0$ となる数 x のことを i と書き，これを**虚数単位**とよぶ．

$$i^2 = -1$$

さらに，

- i と実数 a との積 ai を定義し，
- i を含んだ数の計算は i を文字とする式のように扱い，関係 $i^2 = -1$ を用いて簡単にする．

$a \neq 0$ のとき，ai を**純虚数**とよぶ．また，$0i$ は実数の 0 に等しい．

以下，本節では，a, b, c, d などの文字は 特に断らないかぎり実数を表す．

例題 7.1

次の積を計算せよ．

(1) $(-2i) \times 3i$ (2) i^3

解答

(1) $(-2i) \times 3i = (-2 \cdot 3)i^2 = -6 \cdot (-1) = 6.$

(2) $i^3 = i^2 \times i = (-1)i = -i.$

問 7.1 次の積を計算せよ．

(1) $3i \times (-2)$ (2) $(\sqrt{2}\,i) \times (\sqrt{6}\,i)$ (3) $(\sqrt{3}\,i)^2$

(4) $(-\sqrt{3}\,i)^2$ (5) $(-2i)^3$ (6) i^4

7.1 複素数の計算　　77

【負の数の平方根】　負の数 $-a\ (a > 0)$ の平方根は $\sqrt{a}\,i$ と $-\sqrt{a}\,i$ の 2 つである.
実際,

$$(\sqrt{a}\,i)^2 = (\sqrt{a})^2\,i^2 = -a,$$

$$(-\sqrt{a}\,i)^2 = (-\sqrt{a})^2\,i^2 = -a$$

でどちらも 2 乗すると $-a$ になる. また, 負の数の平方根に対しても根号 $\sqrt{}$ を
使うと便利なので, $\sqrt{-a}$ を $\sqrt{-a} = \sqrt{a}\,i$ で定義する. 特に $\sqrt{-1} = i$ である.

$$\sqrt{-a} = \sqrt{a}\,i\ (a > 0), \qquad \sqrt{-1} = i$$

―― 例題 **7.2** ――――――――――――――――――――――

(1)　$-\sqrt{-4}$ を i を用いて表せ.　　　　(2)　$\left(-\sqrt{-4}\right)^2$ を計算せよ.

解答

(1)　$-\sqrt{-4} = -\sqrt{4}\,i = -2i.$

(2)　$\left(-\sqrt{-4}\right)^2 = (-2i)^2 = (-2)^2\,i^2 = 4\cdot(-1) = -4.$

問 7.2a　次の数を i を用いて表せ.

(1)　$\sqrt{-9}$　　　　(2)　$-\sqrt{-3}$　　　　(3)　$\sqrt{-\dfrac{7}{16}}$

問 7.2b　次の積を計算せよ.

(1)　$\left(\sqrt{-7}\right)^2$　　　　(2)　$\sqrt{2}\times\sqrt{-3}$　　　　(3)　$\sqrt{-2}\times\sqrt{-3}$

〔ヒント〕　i を用いて計算.　(3) $\sqrt{-2}\times\sqrt{-3} = \sqrt{(-2)\times(-3)}$ は成り立たない.

【複素数】

$$a + bi \quad (a, b \text{ は実数})$$

の形の数を**複素数**という. a, b をそれぞれ, この複素数の**実部**, **虚部**という.

　2 つの複素数が等しいのは, 実部どうし, 虚部どうしがそれぞれ等しいときで
あり, そのときに限る. すなわち,　　a, b, c, d が実数のとき,

$$a + bi = c + di \iff a = c \text{ かつ } b = d$$

　実数 a は $a + 0i$ の形をした複素数であり, 純虚数 bi も $0 + bi\ (b \ne 0)$ の形を
した複素数である. 実数でない複素数 $a + bi\ (b \ne 0)$ を**虚数**とよぶ.

78   第 7 章　複素数

例題 7.3

$(a-3)+(a-b)i = 2i$ をみたす実数 a, b の値を求めよ.

解答

$$(a-3)+(a-b)i = 0+2i$$

の両辺の実部の比較から $a-3=0$, すなわち $a=3$.

一方, 虚部の比較から $a-b=2$, よって $b=a-2=3-2=1$.

問 7.3　次の等式をみたす実数 a, b の値を求めよ.

(1) $a+bi = 5-4i$　　　　(2) $(2a-1)+i = 7+(a+b)i$

一般に, 複素数 $z = a+bi$ (a, b は実数) に対して, 複素数 $a-bi$ を z の**共役複素数**といい, 記号 $\overline{z}$ で表す. すなわち,

$$z = a+bi \quad \Longrightarrow \quad \overline{z} = a-bi$$

【複素数の四則演算】

2 つの複素数 $a+bi, c+di$ (a, b, c, d は実数) の四則演算

- 和・差： $(a+bi) \pm (c+di) = (a \pm c) + (b \pm d)i$　　（複号同順）
- 積： $(a+bi)(c+di) = (ac-bd)+(ad+bc)i$
- 商： $c+di \neq 0$ のとき,

$$\frac{a+bi}{c+di} = \frac{(a+bi)(c-di)}{(c+di)(c-di)} = \frac{(ac+bd)+(bc-ad)i}{c^2+d^2}$$

上にまとめた結果は, 以下を参考にして自分で導いておくこと.

積は, まず i の文字式として

$$(a+bi)(c+di) = ac+(ad+bc)i+bdi^2$$

と展開してから, $i^2 = -1$ を代入する.

商は, 分母 $c+di$ にその共役複素数 $c-di$ を掛けた結果が

$$(c+di)(c-di) = c^2-(di)^2 = c^2+d^2$$

と実数になることを利用した.

7.1 複素数の計算　79

例題 7.4

次の計算をせよ.

(1) $(5 + 2i) - (-1 + 3i)$　　(2) $(5 + 2i)(-1 + 3i)$

(3) $\dfrac{1+i}{3+2i}$

解答

(1) $(5 + 2i) - (-1 + 3i) = 5 + 2i + 1 - 3i = (5 + 1) + (2 - 3)i = 6 - i.$

(2) $(5 + 2i)(-1 + 3i) = 5 \cdot (-1) + 5 \cdot 3i + 2i \cdot (-1) + 2i \cdot 3i$

　　$= -5 + 15i - 2i + 6i^2 = (-5 - 6) + (15 - 2)i = -11 + 13i.$

(3) 分母と分子に, 分母の共役複素数を掛けて,

$$\frac{1+i}{3+2i} = \frac{(1+i)(3-2i)}{(3+2i)(3-2i)} = \frac{3+i-2i^2}{3^2-(2i)^2} = \frac{5+i}{13}.$$

問 7.4 次の計算をせよ.

(1) $(4 + 3i) + (2 - i)$　　　　(2) $(1 + 3i)(2 + i)$

(3) $\left(1 + \sqrt{2}\,i\right)^2$　　　　　(4) $(3 + i)(3 - i)$

(5) $\left(\dfrac{-1 + \sqrt{3}\,i}{2}\right)^3$　　　(6) $\dfrac{2}{1 + 3i}$

(7) $\dfrac{1}{i}$　　　　　　　　(8) $\dfrac{2 + 3i}{5 - 2i}$

【2 次方程式の虚数解】 虚数単位 i は 2 次方程式 $x^2 + 1 = 0$ の解の 1 つといえる. このように, i を導入することで実数の範囲では解が存在しない 2 次方程式に対しても虚数の解が存在する.

例題 7.5

平方完成を用いて, 2 次方程式 $x^2 + x + 1 = 0$ の解を求めよ.

解答 平方完成については例題 2.3 参照.

$$x^2 + x + 1 = (x^2 + x) + 1 = \left\{\left(x + \frac{1}{2}\right)^2 - \frac{1}{4}\right\} + 1$$

$$= \left(x + \frac{1}{2}\right)^2 + \frac{3}{4} = 0,$$

つまり $\left(x + \dfrac{1}{2}\right)^2 = -\dfrac{3}{4}$ だから, $x + \dfrac{1}{2} = \pm\sqrt{-\dfrac{3}{4}} = \pm\dfrac{\sqrt{3}\,i}{2}$. したがって,

$$x = -\frac{1}{2} \pm \frac{\sqrt{3}\,i}{2} = \frac{-1 \pm \sqrt{3}\,i}{2}.$$

問 7.5 平方完成を用いて 2 次方程式 $x^2 - 2x + 3 = 0$ を解け.

【2次方程式の判別式】 2.2節で，2次方程式の判別式 $D = b^2 - 4ac$ を導入し，$D \geqq 0$ のときは，2次方程式は実数解をもつのであった．$D < 0$ の場合は，解は虚数解となる．このとき放物線 $y = ax^2 + bx + c$ と x 軸とは共有点がない（例題 2.4(3) の図参照）．以下に，判別式と解の種類についてまとめておく．

> **2次方程式 $ax^2 + bx + c = 0$ の解**
>
> $D = b^2 - 4ac > 0$ のとき，異なる2つの実数解
>
> $D = b^2 - 4ac = 0$ のとき，ただ1つの実数解（重解）
>
> $D = b^2 - 4ac < 0$ のとき，異なる2つの虚数解

例題 7.6

判別式を用いて次に示す2次方程式の解の種類を判定せよ．

(1) $x^2 - 4x + 2 = 0$ (2) $x^2 + 6x + 9 = 0$
(3) $2x^2 - x + 1 = 0$

解答

(1) $D = (-4)^2 - 4 \cdot 1 \cdot 2 = 8 > 0$ より，異なる2つの実数解をもつ．

(2) $D = 6^2 - 4 \cdot 1 \cdot 9 = 0$ より，ただ1つの実数解をもつ．

(3) $D = (-1)^2 - 4 \cdot 2 \cdot 1 = -7 < 0$ より，異なる2つの虚数解をもつ．

問 7.6 判別式を用いて次の2次方程式の解の種類を判定せよ．

(1) $x^2 - 5x + 3 = 0$ (2) $-2x^2 + x + 3 = 0$
(3) $x^2 - 2\sqrt{2}x + 2 = 0$ (4) $-2x^2 + x - 3 = 0$
(5) $x^2 - 4x + 6 = 0$ (6) $x^2 - x + 1 = 0$

7.2 複素平面

複素数を座標平面上の点と対応づけることを考えよう．

複素数 $a + bi$ は，実数の組 (a, b) で定まるので，複素数 $a + bi$ を点 (a, b) で表すことができる．

$$\text{複素数 } a + bi \longleftrightarrow \text{点 } (a, b)$$

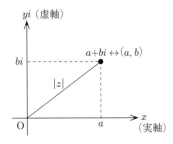

座標平面上の点 (a, b) が複素数 $a + bi$ を表している平面を**複素平面**または**ガウス平面**といい，横軸を**実軸**，縦軸を**虚軸**という．

複素平面上で原点 O と z との距離を z の**絶対値**といい，$|z|$ と表す．$z = a + bi$ のとき
$$|z| = \sqrt{a^2 + b^2}.$$

例題 7.7

複素数 $2-i$ を複素平面上に図示せよ．また，$|2-i|$ を求めよ．

解答 $2-i$ を図示した結果は右のとおり．
また，$|2-i| = \sqrt{2^2 + (-1)^2} = \sqrt{5}$.

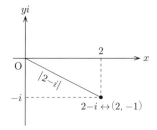

問 7.7 次の複素数を複素平面上に図示し，絶対値を求めよ．
 (1) $1 + 2i$ (2) $-3 + 2i$ (3) $-3 - 5i$ (4) $1 - 5i$

【絶対値，偏角，極形式】 複素平面上の複素数 $z = a + bi$ (a, b は実数) を，原点からの距離 r と x 軸（実軸）から $\overrightarrow{\mathrm{O}z}$ までの角 θ で表すことを考えよう．

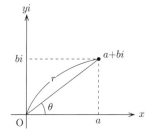

右図において
$$a = r\cos\theta, \quad b = r\sin\theta \quad (r > 0)$$
が成り立つから，$z = a + bi$ を以下のように表すことができる．

$$z = r(\cos\theta + i\sin\theta)$$

この表現を，複素数 z の**極形式**という．このとき，
$$|z|^2 = (r\cos\theta)^2 + (r\sin\theta)^2 = r^2(\cos^2\theta + \sin^2\theta) = r^2$$
より
$$|z| = r$$
である．また，θ を z の**偏角**といい，$\arg z$ で表す．
$$\arg z = \theta.$$
偏角 θ は
$$\cos\theta = \frac{a}{r}, \quad \sin\theta = \frac{b}{r}$$

によって定まる角である．したがって，θ が偏角ならば，$\theta + 2\pi$, $\theta - 2\pi$ なども偏角となるから，偏角は一つには定まらないことに注意する．

例題 7.8

次の複素数の絶対値，偏角，極形式を求めよ．ただし，$-\pi <$ 偏角 $\leq \pi$ とする．

(1) $1 + i$ (2) $\dfrac{1 - \sqrt{3}\,i}{2}$

解答

(1)　下図より
$$|1 + i| = \sqrt{1^2 + 1^2} = \sqrt{2}, \quad \arg(1 + i) = \frac{\pi}{4},$$
$$1 + i = \sqrt{2}\left(\cos\frac{\pi}{4} + i\sin\frac{\pi}{4}\right)$$

(2)　下図より
$$\left|\frac{1 - \sqrt{3}\,i}{2}\right| = \sqrt{\left(\frac{1}{2}\right)^2 + \left(-\frac{\sqrt{3}}{2}\right)^2} = 1, \quad \arg\left(\frac{1 - \sqrt{3}\,i}{2}\right) = -\frac{\pi}{3},$$
$$\frac{1 - \sqrt{3}\,i}{2} = \cos\left(-\frac{\pi}{3}\right) + i\sin\left(-\frac{\pi}{3}\right)$$

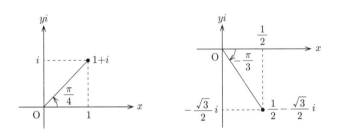

問 7.8　次の複素数の絶対値，偏角（$-\pi <$ 偏角 $\leq \pi$），極形式を求めよ．

(1) $-1 + i$ (2) $1 + \sqrt{3}\,i$ (3) $\sqrt{3} + i$ (4) -3
(5) $-2i$

複素数の極形式において，積と商に関する次の性質が成り立つ．

極形式の性質

$z_1 = r_1(\cos\theta_1 + i\sin\theta_1)$, $z_2 = r_2(\cos\theta_2 + i\sin\theta_2)$ とするとき，
$$z_1 z_2 = r_1 r_2 \{\cos(\theta_1 + \theta_2) + i\sin(\theta_1 + \theta_2)\}$$
$$\frac{z_1}{z_2} = \frac{r_1}{r_2}\{\cos(\theta_1 - \theta_2) + i\sin(\theta_1 - \theta_2)\}$$

証明 三角関数の加法定理を用いて示す.

$$z_1 z_2 = r_1 r_2 (\cos\theta_1 + i\sin\theta_1)(\cos\theta_2 + i\sin\theta_2)$$

$$= r_1 r_2 \{(\cos\theta_1 \cos\theta_2 - \sin\theta_1 \sin\theta_2) + i(\sin\theta_1 \cos\theta_2 + \cos\theta_1 \sin\theta_2)\}$$

$$= r_1 r_2 \{\cos(\theta_1 + \theta_2) + i\sin(\theta_1 + \theta_2)\},$$

$$\frac{z_1}{z_2} = \frac{r_1(\cos\theta_1 + i\sin\theta_1)}{r_2(\cos\theta_2 + i\sin\theta_2)} = \frac{r_1(\cos\theta_1 + i\sin\theta_1)(\cos\theta_2 - i\sin\theta_2)}{r_2(\cos\theta_2 + i\sin\theta_2)(\cos\theta_2 - i\sin\theta_2)}$$

$$= \frac{r_1(\cos\theta_1 + i\sin\theta_1)(\cos\theta_2 - i\sin\theta_2)}{r_2\{(\cos\theta_2)^2 - (i\sin\theta_2)^2\}}$$

$$= \frac{r_1}{r_2}(\cos\theta_1 + i\sin\theta_1)(\cos\theta_2 - i\sin\theta_2)$$

$$= \frac{r_1}{r_2}\{(\cos\theta_1 \cos\theta_2 + \sin\theta_1 \sin\theta_2) + i(\sin\theta_1 \cos\theta_2 - \cos\theta_1 \sin\theta_2)\}$$

$$= \frac{r_1}{r_2}\{\cos(\theta_1 - \theta_2) + i\sin(\theta_1 - \theta_2)\}.$$

次に示すのは，絶対値および偏角に関する性質である.

絶対値，偏角の性質

(1) $|z_1 z_2| = |z_1| \cdot |z_2|$　　　　(2) $\arg(z_1 z_2) = \arg z_1 + \arg z_2$

(3) $\left|\dfrac{z_1}{z_2}\right| = \dfrac{|z_1|}{|z_2|}$　　　　(4) $\arg\left(\dfrac{z_1}{z_2}\right) = \arg z_1 - \arg z_2$

(5) $|\bar{z}| = |z|$　　　　(6) $\arg \bar{z} = -\arg z$

(7) $|z_1 + z_2| \leqq |z_1| + |z_2|$　（三角不等式）

証明

$(1),(2)$　　$z_1 = r_1(\cos\theta_1 + i\sin\theta_1),\ z_2 = r_2(\cos\theta_2 + i\sin\theta_2)$ とするとき，
　　　　前ページの極形式の性質より

$$|z_1 z_2| = r_1 r_2 = |z_1| \cdot |z_2|, \qquad \arg(z_1 z_2) = \theta_1 + \theta_2 = \arg z_1 + \arg z_2.$$

$(3),(4)$　　極形式の性質より

$$\left|\frac{z_1}{z_2}\right| = \frac{r_1}{r_2} = \frac{|z_1|}{|z_2|}, \qquad \arg\left(\frac{z_1}{z_2}\right) = \theta_1 - \theta_2 = \arg z_1 - \arg z_2.$$

$(5),(6)$　　$z = r(\cos\theta + i\sin\theta)$ のとき，

$$\bar{z} = r(\cos\theta - i\sin\theta) = r\{\cos(-\theta) + i\sin(-\theta)\}$$

　　　　であるから

$$|\bar{z}| = r = |z|, \quad \arg \bar{z} = -\theta = -\arg z.$$

84   第 7 章　複素数

(7)　　$z_1 = x_1 + y_1 i$, $z_2 = x_2 + y_2 i$ とする.

$$|z_1|^2 |z_2|^2 = (x_1{}^2 + y_1{}^2)(x_2{}^2 + y_2{}^2)$$

であり,

$$(x_1{}^2 + y_1{}^2)(x_2{}^2 + y_2{}^2) - (x_1 x_2 + y_1 y_2)^2 = (x_1 y_2 - x_2 y_1)^2 \geqq 0$$

より,

$$|(x_1 x_2 + y_1 y_2)| \leqq |z_1||z_2|$$

が成り立つ. したがって

$$\begin{aligned}
|z_1 + z_2|^2 &= |(x_1 + x_2) + (y_1 + y_2)i|^2 \\
&= (x_1 + x_2)^2 + (y_1 + y_2)^2 \\
&= x_1{}^2 + x_2{}^2 + 2(x_1 x_2 + y_1 y_2) + y_1{}^2 + y_2{}^2 \\
&= |z_1|^2 + 2(x_1 x_2 + y_1 y_2) + |z_2|^2 \\
&\leqq |z_1|^2 + 2|z_1||z_2| + |z_2|^2 = (|z_1| + |z_2|)^2
\end{aligned}$$

となり, $|z_1 + z_2| \leqq |z_1| + |z_2|$ が成り立つ.

例題 7.9

次の複素数の絶対値と偏角を求めよ. ただし, $-\pi < $ 偏角 $\leqq \pi$ とする.

(1) $(1 + i)(\sqrt{3} + i)$　　　　(2) $\dfrac{-2 + 2i}{1 + \sqrt{3}\,i}$

解答

(1)　$|(1 + i)(\sqrt{3} + i)| = |1 + i| \cdot |\sqrt{3} + i| = \sqrt{2} \cdot 2 = 2\sqrt{2}$,

$\arg\{(1 + i)(\sqrt{3} + i)\} = \arg(1 + i) + \arg(\sqrt{3} + i) = \dfrac{\pi}{4} + \dfrac{\pi}{6} = \dfrac{5\pi}{12}$

(2)　$\left| \dfrac{-2 + 2i}{1 + \sqrt{3}\,i} \right| = \dfrac{|-2 + 2i|}{|1 + \sqrt{3}\,i|} = \dfrac{2\sqrt{2}}{2} = \sqrt{2}$,

$\arg\left(\dfrac{-2 + 2i}{1 + \sqrt{3}\,i} \right) = \arg(-2 + 2i) - \arg(1 + \sqrt{3}\,i) = \dfrac{3\pi}{4} - \dfrac{\pi}{3} = \dfrac{5\pi}{12}$

問 7.9 次の複素数の絶対値と偏角を求めよ. ただし, $-\pi < $ 偏角 $\leqq \pi$ とする.

(1)　$(1 - i)(\sqrt{3} + i)$　　　　(2)　$\dfrac{\sqrt{3} + i}{1 - i}$　　　　(3)　$\dfrac{\sqrt{3} - i}{(1 + i)(1 - \sqrt{3}\,i)}$

(4)　$2\left(\cos \dfrac{\pi}{9} + i \sin \dfrac{\pi}{9} \right) \cdot 3\left(\cos \dfrac{5\pi}{9} + i \sin \dfrac{5\pi}{9} \right)$

(5)　$\dfrac{8\left(\cos \dfrac{3\pi}{8} + i \sin \dfrac{3\pi}{8} \right)}{2\left(\cos \dfrac{\pi}{8} + i \sin \dfrac{\pi}{8} \right)}$

7.2 複素平面　85

積 $z_1 z_2$, 商 $\dfrac{z_1}{z_2}$ の極形式の性質を繰り返し用いて，次の定理を得る．

> **ド・モアブルの定理**
>
> n が整数のとき，
> $$(\cos\theta + i\sin\theta)^n = \cos n\theta + i\sin n\theta$$
> が成り立つ．したがって，$z = r(\cos\theta + i\sin\theta)$ のとき，
> $$z^n = r^n(\cos n\theta + i\sin n\theta)$$

例題 7.10

$(\sqrt{3} + i)^8$ を計算せよ．

解答　$\sqrt{3} + i = 2\left(\dfrac{\sqrt{3}}{2} + \dfrac{1}{2}i\right) = 2\left(\cos\dfrac{\pi}{6} + i\sin\dfrac{\pi}{6}\right)$ より

$$(\sqrt{3} + i)^8 = 2^8\left(\cos\dfrac{\pi}{6} + i\sin\dfrac{\pi}{6}\right)^8 = 2^8\left\{\cos\left(8 \times \dfrac{\pi}{6}\right) + i\sin\left(8 \times \dfrac{\pi}{6}\right)\right\}$$

$$= 256\left(\cos\dfrac{4\pi}{3} + i\sin\dfrac{4\pi}{3}\right) = 256\left(-\dfrac{1}{2} - \dfrac{\sqrt{3}}{2}i\right) = -128 - 128\sqrt{3}i.$$

問 7.10　次の複素数を計算せよ．

(1) $(1 + \sqrt{3}\,i)^{10}$　　　　(2) $(1 + i)^{-5}$　　　　(3) $\left(\cos\dfrac{5\pi}{9} + i\sin\dfrac{5\pi}{9}\right)^{12}$

【n 乗根】　n は自然数とする．複素数 α に対し

$$z^n = \alpha$$

をみたす z を α の **n 乗根**という．

α の n 乗根 z は次のようにして求めることができる．α と z を極形式で表し，

$$\alpha = r(\cos\theta + i\sin\theta), \qquad z = \rho(\cos\phi + i\sin\phi)$$

とする．このとき，$z^n = \rho^n(\cos n\phi + i\sin n\phi)$ であるから，$z^n = \alpha$ より

$$\rho^n(\cos n\phi + i\sin n\phi) = r(\cos\theta + i\sin\theta)$$

が成り立つ．ここで，絶対値と偏角をくらべて，

$$\text{絶対値：} \rho^n = r$$

$$\text{偏　角：} n\phi = \theta + 2k\pi \quad (k：整数)$$

が得られる．よって，

$$\rho = \sqrt[n]{r} \qquad\qquad \text{（実数の n 乗根）}$$

$$\phi = \dfrac{\theta}{n} + \dfrac{2k\pi}{n} \quad (k：整数)$$

であり，

(∗) $\quad z = \sqrt[n]{r}\left\{\cos\left(\dfrac{\theta}{n}+\dfrac{2k\pi}{n}\right)+i\sin\left(\dfrac{\theta}{n}+\dfrac{2k\pi}{n}\right)\right\}$ （k：整数）

となる．

(∗) において，k の値が n だけ変わっても z の値は同じである．したがって，z の相異なる値は n 個しかなく，それらは $k = 0, 1, \ldots, n-1$ とすることにより得られる．

> **n 乗根**
>
> $\alpha = r(\cos\theta + i\sin\theta)$ のとき，
>
> α の n 乗根 $= \sqrt[n]{r}\left\{\cos\left(\dfrac{\theta}{n}+\dfrac{2k\pi}{n}\right)+i\sin\left(\dfrac{\theta}{n}+\dfrac{2k\pi}{n}\right)\right\}$
> $\hspace{12em}(k = 0, 1, \ldots, n-1)$

例題 7.11

次の値を求めよ．

(1) -4 の 4 乗根　　　(2) $4i$ の 4 乗根

解答

(1) $\alpha = -4$ であり，$r = |-4| = 4, \theta = \arg(-4) = \pi, n = 4$ であるから，

$$z = \sqrt[4]{4}\left\{\cos\left(\frac{\pi}{4}+\frac{2k\pi}{4}\right)+i\sin\left(\frac{\pi}{4}+\frac{2k\pi}{4}\right)\right\}$$

$$= \sqrt{2}\left\{\cos\left(\frac{\pi}{4}+\frac{k\pi}{2}\right)+i\sin\left(\frac{\pi}{4}+\frac{k\pi}{2}\right)\right\} \quad (k = 0, 1, 2, 3).$$

$k = 0: z_0 = \sqrt{2}\left(\cos\dfrac{\pi}{4}+i\sin\dfrac{\pi}{4}\right) = 1+i,$

$k = 1: z_1 = \sqrt{2}\left(\cos\dfrac{3\pi}{4}+i\sin\dfrac{3\pi}{4}\right) = -1+i,$

$k = 2: z_2 = \sqrt{2}\left(\cos\dfrac{5\pi}{4}+i\sin\dfrac{5\pi}{4}\right) = -1-i,$

$k = 3: z_3 = \sqrt{2}\left(\cos\dfrac{7\pi}{4}+i\sin\dfrac{7\pi}{4}\right) = 1-i.$

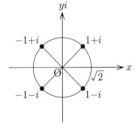

(2) $\alpha = 4i$ であり，$r = |4i| = 4, \theta = \arg(4i) = \dfrac{\pi}{2}, n = 4$ であるから，

$$z = \sqrt[4]{4}\left\{\cos\left(\frac{\frac{\pi}{2}}{4}+\frac{2k\pi}{4}\right)+i\sin\left(\frac{\frac{\pi}{2}}{4}+\frac{2k\pi}{4}\right)\right\}$$

$$= \sqrt{2}\left\{\cos\left(\frac{\pi}{8}+\frac{k\pi}{2}\right)+i\sin\left(\frac{\pi}{8}+\frac{k\pi}{2}\right)\right\} \quad (k = 0, 1, 2, 3).$$

$$k=0: z_0 = \sqrt{2}\left(\cos\frac{\pi}{8} + i\sin\frac{\pi}{8}\right),$$
$$k=1: z_1 = \sqrt{2}\left(\cos\frac{5\pi}{8} + i\sin\frac{5\pi}{8}\right),$$
$$k=2: z_2 = \sqrt{2}\left(\cos\frac{9\pi}{8} + i\sin\frac{9\pi}{8}\right),$$
$$k=3: z_3 = \sqrt{2}\left(\cos\frac{13\pi}{8} + i\sin\frac{13\pi}{8}\right).$$

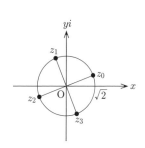

! (1) のように sin, cos の値が簡単に求まる場合は値を求めたほうがよいが，(2) のように簡単には求まらない場合は求めなくてもよい．

問 7.11a 次の値を求め，複素平面上に図示せよ．

(1) $-i$ の 2 乗根　(2) $-i$ の 3 乗根　(3) -8 の 4 乗根

問 7.11b 次の方程式の解を求め，複素平面上に図示せよ．

(1) $z^4 = -1$　(2) $z^4 = -8 + 8\sqrt{3}i$

【オイラーの公式】　複素数の極形式表示
$$z = r(\cos\theta + i\sin\theta)$$
における $\cos\theta + i\sin\theta$ の部分を自然対数の底 e を用いて
$$\cos\theta + i\sin\theta = e^{i\theta}$$
と表すことがある．この関係式を**オイラーの公式**という．

オイラーの公式を用いて複素数の極形式を，たとえば
$$-2\sqrt{3} + 2i = 4\left(\cos\frac{5}{6}\pi + i\sin\frac{5}{6}\pi\right) = 4e^{\frac{5}{6}\pi i},$$
$$i = \cos\frac{\pi}{2} + i\sin\frac{\pi}{2} = e^{\frac{\pi}{2}i}$$
などと表すこともある．

例題 7.12

次の複素数を $a + bi$ (a, b は実数) の形で表せ．

(1) $e^{\frac{\pi}{3}i}$　　(2) $e^{\pi i}$　　(3) $6e^{-\frac{2}{3}\pi i}$

---

88   第 7 章　複素数

解答

(1) $\quad e^{\frac{\pi}{3}i} = \cos\dfrac{\pi}{3} + i\sin\dfrac{\pi}{3} = \dfrac{1}{2} + \dfrac{\sqrt{3}}{2}i$

(2) $\quad e^{\pi i} = \cos\pi + i\sin\pi = -1$

(3) $\quad 6e^{-\frac{2}{3}\pi i} = 6\Big\{\cos\big(-\dfrac{2}{3}\pi\big) + i\sin\big(-\dfrac{2}{3}\pi\big)\Big\} = 6\Big(-\dfrac{1}{2} - \dfrac{\sqrt{3}}{2}i\Big) = -3 - 3\sqrt{3}i$

> **問 7.12**　次の複素数を $a + bi$ $(a,\ b$ は実数$)$ の形で表せ.
>
> (1) $e^{\frac{\pi}{4}i}$ $\qquad\qquad$ (2) $e^{2\pi i}$ $\qquad\qquad$ (3) $8e^{\frac{7}{6}\pi i}$

オイラーの公式

$$e^{i\theta} = \cos\theta + i\sin\theta$$

を用いると, これまでに学習した次の関係式

$$(\cos\theta_1 + i\sin\theta_1)(\cos\theta_2 + i\sin\theta_2) = \cos(\theta_1 + \theta_2) + i\sin(\theta_1 + \theta_2)$$

$$\frac{\cos\theta_1 + i\sin\theta_1}{\cos\theta_2 + i\sin\theta_2} = \cos(\theta_1 - \theta_2) + i\sin(\theta_1 - \theta_2)$$

$$(\cos\theta + i\sin\theta)^n = \cos n\theta + i\sin n\theta \quad (n \text{ は整数})$$

などはそれぞれ

$$e^{i\theta_1}e^{i\theta_2} = e^{i(\theta_1+\theta_2)}, \qquad \frac{e^{i\theta_1}}{e^{i\theta_2}} = e^{i(\theta_1-\theta_2)}, \qquad \big(e^{i\theta}\big)^n = e^{in\theta}$$

などと表される. この結果だけを見ると, $e^{i\theta}$ の積に関しても, 実数の場合の指数法則と同様の関係が成り立つことになる.

8

ベクトル

8.1 ベクトルの加法・減法・実数倍

向きのついた線分について，長さと向きだけに着目したものを**ベクトル**という．ベクトルを図示するときは，右図のように矢線を使う．A を**始点**，B を**終点**といい，ベクトル $\overrightarrow{AB}$ と書く．線分 AB の長さを $\overrightarrow{AB}$ の**大きさ**または長さといい，$|\overrightarrow{AB}|$ で表す．またベクトルを $\vec{a}, \vec{b}$ のような記号で表すこともある．

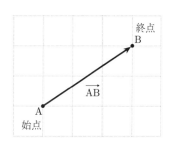

ベクトルは長さと向きによって定まるから，2 つのベクトル $\vec{a}, \vec{b}$ が異なる場所にあるとしても，大きさが等しく向きが同じであるならば $\vec{a}$ と $\vec{b}$ は**等しい**といい，$\vec{a} = \vec{b}$ と書く．

【ベクトルの加法・実数倍・減法】

例として右図のようにベクトルが与えられたとし，ベクトルの加法・減法・実数倍をそれぞれ次のように定めよう．

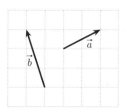

- **加法** $\vec{a} + \vec{b}$： 図 8.1(a) のように，$\vec{a}$ の終点に $\vec{b}$ の始点をもってきて $\vec{a}$ の 始点 から $\vec{b}$ の 終点 に至る矢線が $\vec{a} + \vec{b}$ である．同じ結果は $\vec{a}$ と $\vec{b}$ の始点を一致させたときにできる平行四辺形の対角線を考えても得られる（図 8.1(b) 参照）．

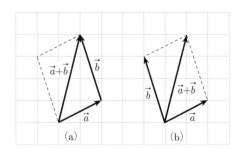

図 **8.1** ベクトルの和

- **実数倍** $m\vec{a}$:
  $m > 0$ のとき， $m\vec{a}$ は $\vec{a}$ と同じ向きで大きさが m 倍のベクトル
  $m = 0$ のとき， $m\vec{a} = \vec{0}$ （大きさ 0 のベクトル，向きは考えない）
  $m < 0$ のとき， $m\vec{a}$ は $\vec{a}$ と反対の向きで大きさが $|m|$ 倍のベクトル．
  　　　　　　特に，$\vec{a}$ と同じ大きさで向きが反対のベクトルは
  　　　　　　$(-1)\vec{a}$ であり，単に $-\vec{a}$ と記す．

  $m \neq 0$ のとき，$m\vec{a}$ は $\vec{a}$ に**平行**であるという．

  ⚠ $(-3)\vec{a}$ は $3\vec{a}$ と同じ大きさで向きが反対であるから $(-3)\vec{a} = (-1)3\vec{a} = -3\vec{a}$ と書ける．

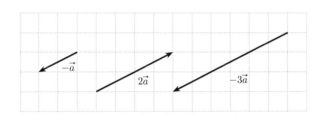

図 **8.2** ベクトルの実数倍

$$(-1)\vec{a} = -\vec{a}$$

- **減法** $\vec{a} + (-\vec{b})$ を，$\vec{a} - \vec{b}$ と書き，減法の定義とする．

$$\vec{a} - \vec{b} = \vec{a} + (-\vec{b})$$

減法の定義に従えば，図 8.3(a) のように求めることになるが，同じ結果は，図 8.3(b) のように $\vec{b}$（引く方）の終点から $\vec{a}$（引かれる方）の終点に矢線を引いても得られる．

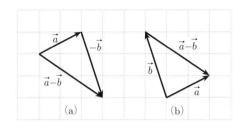

図 8.3　ベクトルの差

例題 8.1

$\vec{a}, \vec{b}, \vec{c}$ が下図のように与えられているとき次のベクトルを図示せよ．

(1)　$\vec{a}+\vec{b}$　　(2)　$\vec{a}+\vec{b}+\vec{c}$　　(3)　$\vec{a}-\vec{b}$　　(4)　$3\vec{a}-\dfrac{1}{2}\vec{b}$

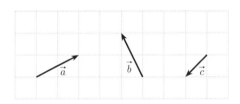

解答

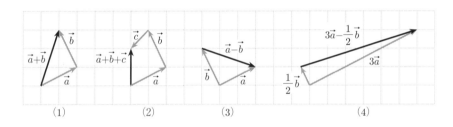

問 8.1　ベクトル $\vec{a}, \vec{b}, \vec{c}$ が下図のように与えられているとき，次のベクトルを図示せよ．

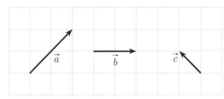

(1)　$\vec{a}+\vec{b}+2\vec{c}$　　(2)　$\vec{a}+\vec{b}-\vec{c}$　　(3)　$\vec{a}+3\vec{b}+\dfrac{1}{2}\vec{c}$

例題 8.2

正六角形 ABCDEF において，$\vec{a} = \overrightarrow{AB}, \vec{b} = \overrightarrow{AF}$ とする．次のベクトルを $\vec{a}, \vec{b}$ で表せ．

(1) $\overrightarrow{DE}$ 　　(2) $\overrightarrow{FB}$ 　　(3) $\overrightarrow{BC}$

解答

(1) $\overrightarrow{DE}$ は $\overrightarrow{AB}$ と同じ大きさで向きが逆だから $\overrightarrow{DE} = -\vec{a}$.

(2) $\overrightarrow{FB} = \overrightarrow{FA} + \overrightarrow{AB} = \overrightarrow{AB} - \overrightarrow{AF} = \vec{a} - \vec{b}$.

(3) 線分 AD と BE の交点を O とすると $\overrightarrow{BC} = \overrightarrow{BO} + \overrightarrow{OC} = \vec{b} + \vec{a} = \vec{a} + \vec{b}$.

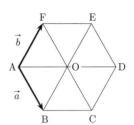

問 8.2 正六角形 ABCDEF において，$\vec{a} = \overrightarrow{AB}, \vec{b} = \overrightarrow{AF}$ とする．次のベクトルを $\vec{a}, \vec{b}$ で表せ．

(1) $\overrightarrow{CF}$ 　　(2) $\overrightarrow{AD}$ 　　(3) $\overrightarrow{FD}$

ベクトルの加法（減法）と実数倍に関して次の計算規則が成り立つ．作図による証明が可能であるが，省略する（読者自ら試みてみよう）．結果的には，$\vec{a}, \vec{b},$ … は，文字の計算と同じ規則を満足するということになる．

ベクトルの計算法則

$$\vec{a} + \vec{b} = \vec{b} + \vec{a}, \quad (\vec{a} + \vec{b}) + \vec{c} = \vec{a} + (\vec{b} + \vec{c})$$
$$m(n\vec{a}) = (mn)\vec{a}, \quad (m+n)\vec{a} = m\vec{a} + n\vec{a}, \quad m(\vec{a} + \vec{b}) = m\vec{a} + m\vec{b}$$

例題 8.3

次の式を簡単にせよ．

(1) $2\vec{a} - (-2\vec{b}) - 3\vec{a}$ 　　(2) $2(\vec{a} - \vec{b}) - 4(\vec{a} + 2\vec{b})$

解答

(1) $2\vec{a} - (-2\vec{b}) - 3\vec{a} = 2\vec{a} + 2\vec{b} - 3\vec{a} = (2-3)\vec{a} + 2\vec{b} = -\vec{a} + 2\vec{b}$

(2) $2(\vec{a} - \vec{b}) - 4(\vec{a} + 2\vec{b}) = 2\vec{a} - 2\vec{b} - 4\vec{a} - 8\vec{b}$
$$= (2-4)\vec{a} + (-2-8)\vec{b} = -2\vec{a} - 10\vec{b}$$

問 8.3　次の式を簡単にせよ．

(1)　$-2\vec{a}+5(\vec{a}+\vec{b})$　　　　(2)　$-2(2\vec{a}-\vec{b})+3(\vec{a}-3\vec{b})$

(3)　$\dfrac{1}{2}(\vec{a}+3\vec{b})-\dfrac{1}{3}\left(2\vec{a}+\dfrac{9}{2}\vec{b}\right)$

8.2　ベクトルの成分

【ベクトルの成分 (1)】　座標平面上に，図のように原点 O を始点とするベクトル $\vec{a}$ が与えられているとする．このとき $\vec{a}$ の終点 A の座標 (a_1, a_2) を $\vec{a}=\overrightarrow{\mathrm{OA}}$ の**成分表示**といい，$\vec{a}=(a_1, a_2)$ と書き表す．$\vec{a}$ の大きさは $|\vec{a}|=\sqrt{a_1{}^2+a_2{}^2}$ である．

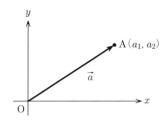

ベクトルの和，差，実数倍は，成分による計算では次のようになる．

$$(a_1, a_2)+(b_1, b_2)=(a_1+b_1, a_2+b_2)$$
$$(a_1, a_2)-(b_1, b_2)=(a_1-b_1, a_2-b_2)$$
$$m(a_1, a_2)=(ma_1, ma_2)$$

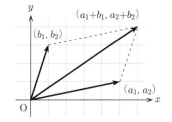 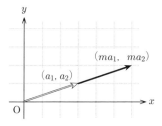

図 8.4　成分を用いた加法・実数倍

例題 8.4

$\vec{a}=(3,1), \vec{b}=(1,2)$ のとき，次のベクトルを成分表示せよ．また，その大きさを求めよ．

(1)　$\vec{a}+\vec{b}$　　　(2)　$3\vec{a}-2\vec{b}$

解答

(1)　$\vec{a}+\vec{b}=(3,1)+(1,2)=(4,3)$，　$|\vec{a}+\vec{b}|=\sqrt{4^2+3^2}=\sqrt{25}=5$

(2)　$3\vec{a}-2\vec{b}=3(3,1)-2(1,2)=(9,3)-(2,4)=(7,-1)$，
　　　$|3\vec{a}-2\vec{b}|=\sqrt{7^2+(-1)^2}=\sqrt{50}=5\sqrt{2}$

問 8.4 $\vec{a} = (-1, 2), \vec{b} = (3, 4)$ のとき，次のベクトルを成分表示せよ．また，その大きさを求めよ．

(1) $\vec{a} + \vec{b}$ (2) $-5\vec{a} + 3\vec{b}$ (3) $\dfrac{1}{2}\vec{a} - \dfrac{1}{3}\vec{b}$

【ベクトルの成分 (2)】 原点 O に始点をもたない場合を考える．始点 $A(a_1, a_2)$ と終点 $B(b_1, b_2)$ が与えられたとき，$\overrightarrow{AB}$ の成分表示は，$\overrightarrow{OA} + \overrightarrow{AB} = \overrightarrow{OB}$ に注意して

$$\overrightarrow{AB} = \overrightarrow{OB} - \overrightarrow{OA} = (b_1, b_2) - (a_1, a_2)$$
$$= (b_1 - a_1, b_2 - a_2)$$

と表すことができる．

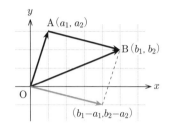

図 8.5 ベクトルの成分表示

例題 8.5

座標平面上に 3 点 $O(0,0)$, $A(1,5)$, $B(2,-4)$ があるとき，次のベクトルを成分表示せよ．また，その大きさを求めよ．

(1) $\overrightarrow{OA}$ (2) $\overrightarrow{AB}$ (3) $\overrightarrow{BO}$

解答

(1) $\overrightarrow{OA} = (1, 5)$, $|\overrightarrow{OA}| = \sqrt{1^2 + 5^2} = \sqrt{26}$

(2) $\overrightarrow{AB} = (2-1, -4-5) = (1, -9)$, $|\overrightarrow{AB}| = \sqrt{1^2 + (-9)^2} = \sqrt{82}$

(3) $\overrightarrow{BO} = (0-2, 0-(-4)) = (-2, 4)$, $|\overrightarrow{BO}| = \sqrt{(-2)^2 + 4^2} = \sqrt{20} = 2\sqrt{5}$

問 8.5 座標平面上に 3 点 $O(0,0), A(2,-3), B(4,1)$ があるとき，次のベクトルを成分表示せよ．また，その大きさを求めよ．

(1) $\overrightarrow{OB}$ (2) $\overrightarrow{AB}$ (3) $\overrightarrow{AO}$

8.3 ベクトルの内積

【ベクトルの内積】 与えられた $\vec{a}$ と $\vec{b}$ に対して，$\vec{a}$ の始点と $\vec{b}$ の始点を一致させたときの間の角 θ $(0 \leqq \theta \leqq \pi)$ を，**$\vec{a}$ と $\vec{b}$ のなす角**という．

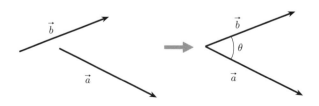

図 8.6 $\vec{a}$ と $\vec{b}$ のなす角

$\vec{a}$ と $\vec{b}$ の内積 $\vec{a}\cdot\vec{b}$ を次のように定める．

> **ベクトルの内積**
> $$\vec{a}\cdot\vec{b} = |\vec{a}||\vec{b}|\cos\theta$$

例題 8.6

1辺の長さが 2 である正三角形 ABC において，AB の中点を M とするとき，次の内積を求めよ．

(1) $\overrightarrow{AB}\cdot\overrightarrow{AC}$ (2) $\overrightarrow{AC}\cdot\overrightarrow{CM}$

解答

(1) $\overrightarrow{AB}\cdot\overrightarrow{AC} = |\overrightarrow{AB}||\overrightarrow{AC}|\cos\angle BAC$
$= 2\times 2\times\cos\dfrac{\pi}{3} = 2\times 2\times\dfrac{1}{2} = 2.$

(2) 直角三角形 BCM において，BC = 2，BM = 1 であるから CM = $\sqrt{3}$ となる．また，$\overrightarrow{AC}$ と $\overrightarrow{CM}$ のなす角は，ベクトルを平行移動して始点を一致させて考えると $\dfrac{\pi}{6}+\dfrac{2\pi}{3} = \dfrac{5\pi}{6}$ なので

$\overrightarrow{AC}\cdot\overrightarrow{CM} = |\overrightarrow{AC}||\overrightarrow{CM}|\cos\dfrac{5\pi}{6} = 2\times\sqrt{3}\times\left(-\dfrac{\sqrt{3}}{2}\right) = -3$ となる．

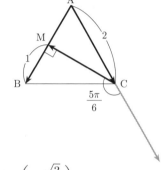

問 8.6 1辺の長さが 2 である正六角形 ABCDEF がある．次の内積を求めよ．

(1) $\overrightarrow{AB}\cdot\overrightarrow{BC}$ (2) $\overrightarrow{AB}\cdot\overrightarrow{CD}$ (3) $\overrightarrow{AB}\cdot\overrightarrow{DF}$
(4) $\overrightarrow{AB}\cdot\overrightarrow{DE}$

〔ヒント〕 内積を考えるときのなす角は，ベクトルを平行移動して始点を一致させて考えよ．

【内積の成分表示】 右図の △AOB の辺の長さと角には，余弦定理とよばれる次の関係式が成立する：

$$AB^2 = OA^2 + OB^2 - 2OA\cdot OB\cos\theta.$$

この関係式の辺の長さをベクトルの成分で表すことにより，次の結果が得られる：

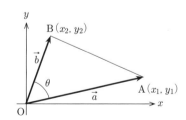

96   第 8 章　ベクトル

内積の成分表示

ベクトル $\vec{a} = (x_1, y_1)$ と $\vec{b} = (x_2, y_2)$ に対し

$$\vec{a} \cdot \vec{b} = x_1 x_2 + y_1 y_2$$

--- 例題 8.7 ---

次の問いに答えよ.

(1)　$\vec{a} = (-2, 5)$ と $\vec{b} = (3, 1)$ の内積を求めよ.

(2)　$\vec{a} = (2, t)$ と $\vec{b} = (t - 3, 1)$ の内積が 0 となるように, 定数 t の値を定めよ.

解答

(1)　$\vec{a} \cdot \vec{b} = (-2) \times 3 + 5 \times 1 = -1.$

(2)　$\vec{a} \cdot \vec{b} = 2 \times (t - 3) + t \times 1 = 3t - 6 = 0$　より,　$t = 2.$

問 8.7　次の問いに答えよ.

(1)　$\vec{a} = (4, -5)$ と $\vec{b} = (2, 2)$ の内積を求めよ.

(2)　$\vec{a} = (2, t)$ と $\vec{b} = (-3, t - 1)$ の内積が 0 となるように, 定数 t の値を定めよ.

さらに, ベクトルの内積について次の性質が成り立つ.

内積の性質

(1)　$\vec{a} \cdot \vec{b} = \vec{b} \cdot \vec{a}$

(2)　$\vec{a} \cdot \vec{a} = |\vec{a}|^2$

(3)　$(m\vec{a}) \cdot \vec{b} = m(\vec{a} \cdot \vec{b}) = \vec{a} \cdot (m\vec{b})$

(4)　$\vec{a} \cdot (\vec{b} + \vec{c}) = \vec{a} \cdot \vec{b} + \vec{a} \cdot \vec{c}$

(5)　$(\vec{a} + \vec{b}) \cdot \vec{c} = \vec{a} \cdot \vec{c} + \vec{b} \cdot \vec{c}$

(6)　$|\vec{a} + \vec{b}|^2 = |\vec{a}|^2 + 2\vec{a} \cdot \vec{b} + |\vec{b}|^2$

　これらの性質はいずれも内積の定義や, 内積の成分表示による計算から確かめられる.

8.3 ベクトルの内積　　97

─ 例題 8.8 ─────────

$|\vec{a}| = 2$, $|\vec{b}| = 3$, $\vec{a} \cdot \vec{b} = -5$ のとき，$|2\vec{a} + \vec{b}|$ を求めよ．

解答　まず $|2\vec{a} + \vec{b}|^2$ の値を求める．上の内積の性質を用いると

$$
\begin{aligned}
|2\vec{a} + \vec{b}|^2 &= (2\vec{a} + \vec{b}) \cdot (2\vec{a} + \vec{b}) && \cdots 性質 (2) \\
&= 2\vec{a} \cdot (2\vec{a} + \vec{b}) + \vec{b} \cdot (2\vec{a} + \vec{b}) && \cdots 性質 (5) \\
&= 2\vec{a} \cdot 2\vec{a} + 2\vec{a} \cdot \vec{b} + \vec{b} \cdot 2\vec{a} + \vec{b} \cdot \vec{b} && \cdots 性質 (4) \\
&= 4|\vec{a}|^2 + 4\vec{a} \cdot \vec{b} + |\vec{b}|^2 && \cdots 性質 (1)(2)(3)
\end{aligned}
$$

が成り立つから，この式に $|\vec{a}|, |\vec{b}|, \vec{a} \cdot \vec{b}$ のそれぞれの値を代入すれば

$$
|2\vec{a} + \vec{b}|^2 = 4 \cdot 2^2 + 4 \cdot (-5) + 3^2 = 5
$$

となる．したがって，$|2\vec{a} + \vec{b}| = \sqrt{5}$ である．

> **問 8.8**　$|\vec{a}| = 6$, $|\vec{b}| = 2$, $\vec{a} \cdot \vec{b} = 5$ のとき，次の値を求めよ．
>
> (1)　$|\vec{a} + \vec{b}|$　　　　(2)　$|\vec{a} - \vec{b}|$　　　　(3)　$|\vec{a} - 3\vec{b}|$

───────────────────

2 つの $\vec{0}$ でないベクトル $\vec{a} = (x_1, y_1)$, $\vec{b} = (x_2, y_2)$ のなす角を θ とすると，内積の定義 $\vec{a} \cdot \vec{b} = |\vec{a}||\vec{b}| \cos\theta$ より次の結果が得られる．

$$
\cos\theta = \frac{\vec{a} \cdot \vec{b}}{|\vec{a}||\vec{b}|} = \frac{x_1 x_2 + y_1 y_2}{\sqrt{x_1{}^2 + y_1{}^2}\sqrt{x_2{}^2 + y_2{}^2}}
$$

─ 例題 8.9 ─────────

2 つのベクトル $\vec{a} = (4, 2)$, $\vec{b} = (1, 3)$ のなす角 θ を求めよ．

解答

$$
\cos\theta = \frac{4 \times 1 + 2 \times 3}{\sqrt{4^2 + 2^2}\sqrt{1^2 + 3^2}} = \frac{10}{2\sqrt{5} \cdot \sqrt{10}} = \frac{10}{10\sqrt{2}} = \frac{1}{\sqrt{2}}.
$$

$0 \leqq \theta \leqq \pi$ であるから $\theta = \dfrac{\pi}{4}$ となる．

> **問 8.9**　次の 2 つのベクトル $\vec{a}, \vec{b}$ のなす角 θ を求めよ．
>
> (1)　$\vec{a} = (4, 0), \vec{b} = (1, \sqrt{3})$　　　　(2)　$\vec{a} = (2, 1), \vec{b} = (2, -4)$
>
> (3)　$\vec{a} = (0, -2), \vec{b} = (\sqrt{3}, 1)$　　　　(4)　$\vec{a} = (1, -\sqrt{3}), \vec{b} = (-\sqrt{3}, 3)$

【ベクトルの平行と垂直】　2 つのベクトル $\vec{a}, \vec{b}$ が平行（$\vec{a} // \vec{b}$ と書く）であるとは，一方が他方の実数倍になるときであるから，$\vec{b} = m\vec{a}$ をみたす 0 でない実

98　第 8 章　ベクトル

数 m がある．このとき，m の符号は，$\vec{a}$ と $\vec{b}$ が同じ向き $(m>0)$ か正反対の向き $(m<0)$ かで決まり，大きさは 2 つのベクトルの大きさの比で決まる．

また，2 つのベクトル $\vec{a}, \vec{b}$ が**垂直**（$\vec{a}\perp\vec{b}$ と書く）であるとは，$\vec{a}$ と $\vec{b}$ のなす角 θ が $\dfrac{\pi}{2}$ になるときであるから $\vec{a}\cdot\vec{b}=|\vec{a}||\vec{b}|\cos\dfrac{\pi}{2}=0$ となる．

$$\vec{a}//\vec{b} \iff \vec{b}=m\vec{a} \ \ (m \text{ は実数})$$

$$\vec{a}\perp\vec{b} \iff \vec{a}\cdot\vec{b}=0$$

例題 8.10

ベクトル $\vec{a}=(2,1)$ に対し，次のベクトルを求めよ．ただし，**単位ベクトル**とは大きさが 1 のベクトルのことである．

(1) $\vec{a}$ に平行な単位ベクトル

(2) $\vec{a}$ に垂直で大きさが 5 であるベクトル

解答

(1) 求めるベクトルを $\vec{b}$ とおくと，$\vec{a}//\vec{b}$ だから，$\vec{b}$ はある実数 m に対して

$$\vec{b}=m\vec{a}=m(2,1)=(2m,m)$$

という形で書かれる．$\vec{b}$ は単位ベクトルだから $|\vec{b}|=1$ なので，さらに

$$|\vec{b}|^2=(2m)^2+m^2=1^2$$

が成り立つ．よって $m=\pm\dfrac{1}{\sqrt{5}}$，つまり

$$\vec{b}=\left(2\times\left(\pm\frac{1}{\sqrt{5}}\right),\pm\frac{1}{\sqrt{5}}\right)=\left(\pm\frac{2}{\sqrt{5}},\pm\frac{1}{\sqrt{5}}\right) \quad (\text{複号同順}).$$

(2) 求めるベクトルを $\vec{c}=(c_1,c_2)$ とおく．$\vec{a}\perp\vec{c}$ だから

$$\vec{a}\cdot\vec{c}=2c_1+c_2=0\cdots\cdots\text{①}$$

となる．一方 $|\vec{c}|=5$ より

$$c_1{}^2+c_2{}^2=5^2\cdots\cdots\text{②}$$

① より $c_2=-2c_1$ だからこれを ② に代入し $c_1{}^2+(-2c_1)^2=5^2$ となる．これを解いて $c_1=\pm\sqrt{5}$ となり，さらに $c_2=\mp2\sqrt{5}$ となる．つまり $\vec{c}=(\pm\sqrt{5},\mp2\sqrt{5})$ （複号同順）．

問 8.10　ベクトル $\vec{a}=(3,-4)$ に対し，次のベクトルを求めよ．

(1) $\vec{a}$ に平行で大きさが 10 であるベクトル

(2) $\vec{a}$ に垂直な単位ベクトル

9

空間における直線，平面の方程式

9.1 空間の座標

空間内の1点Oで互いに直交する3直線 Ox, Oy, Oz を引き，それぞれをOを原点とする数直線と考える．この1組の数直線を**座標軸**といい，Ox, Oy, Oz をそれぞれ x 軸，y 軸，z 軸という．このように座標軸の定められた空間を**座標空間**といい，点Oを座標空間の**原点**という．

さらに，x 軸と y 軸を含む平面を xy 平面，y 軸と z 軸を含む平面を yz 平面，z 軸と x 軸を含む平面を zx 平面という．座標空間の点 P を，座標平面の場合と同様に座標を用いて表そう．点 P を通り，3つの座標軸のそれぞれに直交する平面が，x 軸，y 軸，z 軸と交わる点を，それぞれ A, B, C とする．A, B, C の各座標軸上の座標を，それぞれ a, b, c とするとき，この3つの実数の組 (a, b, c) を点 P の**座標**といい，a, b, c をそれぞれ点 P の x 座標，y 座標，z 座標という．特に，原点 O の座標は $(0, 0, 0)$ である．また，座標が (a, b, c) である点 P を $P(a, b, c)$ と表す．

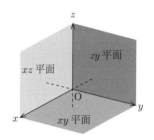 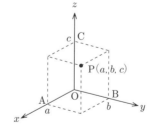

図 9.1　（左図）座標空間　（右図）空間の点の座標

100 第 9 章 空間における直線，平面の方程式

9.2 空間ベクトル

空間においても，平面の場合と同様にベクトルを考えることができ，空間内のベクトル，すなわち空間ベクトルに対しても加法，減法，実数倍，成分表示，内積などについて前章と同様のことが成り立つ．

原点を O とする座標空間内の点 A の座標を $A(a_1, a_2, a_3)$ とするとき，(a_1, a_2, a_3) をベクトル $\vec{a} = \overrightarrow{OA}$ の**成分表示**といい，$\vec{a} = (a_1, a_2, a_3)$ と書く．

空間ベクトルの大きさ，和，差，実数倍の成分による計算は，以下のように平面ベクトルの場合と同様である．

$$|\vec{a}| = \sqrt{a_1{}^2 + a_2{}^2 + a_3{}^2}$$

$$(a_1, a_2, a_3) + (b_1, b_2, b_3) = (a_1 + b_1, a_2 + b_2, a_3 + b_3)$$

$$(a_1, a_2, a_3) - (b_1, b_2, b_3) = (a_1 - b_1, a_2 - b_2, a_3 - b_3)$$

$$m(a_1, a_2, a_3) = (ma_1, ma_2, ma_3)$$

また，座標空間の 2 点 $A(a_1, a_2, a_3)$, $B(b_1, b_2, b_3)$ に対して，

$$\overrightarrow{AB} = \overrightarrow{OB} - \overrightarrow{OA} = (b_1, b_2, b_3) - (a_1, a_2, a_3)$$

であるから，

$$\overrightarrow{AB} = (b_1 - a_1, b_2 - a_2, b_3 - a_3)$$

が成り立つ．

┌─ 例題 9.1 ─

3 点 O(0,0,0), A(3, -1, 4), B(-5, 2, 7) に対して以下のベクトルを成分表示し，またその大きさを求めよ．

(1) $\overrightarrow{OA}$ (2) $\overrightarrow{AB}$

解答

(1) $\overrightarrow{OA} = (3, -1, 4)$, $|\overrightarrow{OA}| = \sqrt{3^2 + (-1)^2 + 4^2} = \sqrt{26}$

(2) $\overrightarrow{AB} = (-5, 2, 7) - (3, -1, 4) = (-8, 3, 3)$,
     $|\overrightarrow{AB}| = \sqrt{(-8)^2 + 3^2 + 3^2} = \sqrt{82}$

問 9.1 3 点 A(2, 1, 0), B(-2, 4, 3), C(4, 0, 5) に対して，以下のベクトルの成分表示，およびその大きさを求めよ．

(1) $\overrightarrow{AB}$ (2) $\overrightarrow{BC}$ (3) $\overrightarrow{AC}$

(4) $2\overrightarrow{AB} + 3\overrightarrow{BC}$ (5) $3\overrightarrow{CA} - \overrightarrow{CB}$

空間ベクトルの内積も，平面ベクトルの場合と同様に定義される．すなわち $\vec{0}$ でない 2 つのベクトル $\vec{a}, \vec{b}$ に対して，$\vec{a}$ と $\vec{b}$ のなす角を θ としたとき，$\vec{a}$ と $\vec{b}$ の**内積** $\vec{a} \cdot \vec{b}$ を

$$\vec{a} \cdot \vec{b} = |\vec{a}||\vec{b}| \cos \theta$$

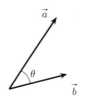

で定める．また，$\vec{a} = \vec{0}$ あるいは $\vec{b} = \vec{0}$ のときは，$\vec{a} \cdot \vec{b} = 0$ と定める．

このとき，平面ベクトルの場合と同様に次の性質が成り立つ．

空間ベクトルの内積，垂直条件

$\vec{a} = (a_1, a_2, a_3), \vec{b} = (b_1, b_2, b_3)$ に対して次が成り立つ．

(1) 内積の成分表示: $\vec{a} \cdot \vec{b} = a_1 b_1 + a_2 b_2 + a_3 b_3$

(2) 垂直条件: $\vec{a}, \vec{b}$ がともに $\vec{0}$ でないとき，

$$\vec{a} \perp \vec{b} \iff \vec{a} \cdot \vec{b} = a_1 b_1 + a_2 b_2 + a_3 b_3 = 0$$

例題 9.2

$\vec{a} = (3, -3, 4)$ と $\vec{b} = (-5, t, 6)$ が垂直となるような実数 t の値を求めよ．

解答

$$\vec{a} \cdot \vec{b} = 3 \cdot (-5) + (-3) \cdot t + 4 \cdot 6 = 9 - 3t = 0$$

より，$t = 3$．

問 9.2a 次のベクトル $\vec{a}, \vec{b}$ に対して，内積 $\vec{a} \cdot \vec{b}$ を求めよ．

(1) $\vec{a} = (3, 2, -1), \vec{b} = (-2, 1, 4)$ (2) $\vec{a} = (-4, 5, 2), \vec{b} = (2, 7, -2)$

問 9.2b 次のベクトル $\vec{a}, \vec{b}$ が垂直となるような実数 t の値を求めよ．

(1) $\vec{a} = (t, 2, 5), \vec{b} = (3, -2, 1)$ (2) $\vec{a} = (-2, t, 1), \vec{b} = (3, t, 2t)$

9.3 空間における直線の方程式

O を原点とする座標空間内の点 P に対して，$\vec{p} = \overrightarrow{\mathrm{OP}}$ を点 P の**位置ベクトル**という．位置ベクトルが $\vec{p}$ である点 P を $\mathrm{P}(\vec{p})$ と書く．また，空間内の 2 点 A,B の位置ベクトルをそれぞれ $\vec{a}, \vec{b}$ とするとき，$\overrightarrow{\mathrm{AB}} = \vec{b} - \vec{a}$ である．

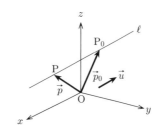

以下，空間内における直線の方程式について考えてみよう．

空間内の 1 点 P_0 を通り，$\vec{0}$ でないベクトル $\vec{u}$ に平行な直線 ℓ 上の点を P とする．P_0, P の位置ベクトルをそれぞれ $\vec{p}_0, \vec{p}$ とするとき，直線 ℓ のベクトル方程

102　第 9 章　空間における直線，平面の方程式

式は

$$\vec{p} = \vec{p_0} + t\vec{u}$$

で与えられる．t を**媒介変数**, $\vec{u}$ を ℓ の**方向ベクトル**という．

さらに，$\vec{p_0} = (x_0, y_0, z_0)$, $\vec{p} = (x, y, z)$, $\vec{u} = (a, b, c)$ と成分表示すると，次のような**媒介変数表示**を得る．

$$\begin{cases} x = x_0 + at \\ y = y_0 + bt \\ z = z_0 + ct \end{cases} \tag{9.1}$$

上の第 1 式を t について解くと，$a \neq 0$ の場合には，$t = \dfrac{x - x_0}{a}$ となる．同様に，$b \neq 0$, $c \neq 0$ の場合にも $t = \dfrac{y - y_0}{b}$, $t = \dfrac{z - z_0}{c}$ となるので，次が得られる．

> **直線の方程式 (1)**
> 空間内の 1 点 $\mathrm{P}_0(x_0, y_0, z_0)$ を通り，方向ベクトルが $\vec{u} = (a, b, c)$ の直線の方程式は，a, b, c がいずれも 0 でない場合には
> $$\frac{x - x_0}{a} = \frac{y - y_0}{b} = \frac{z - z_0}{c} \tag{9.2}$$
> で与えられる．

ここでは a, b, c がいずれも 0 でないとしたが，それ以外の場合，たとえば，$a \neq 0$, $b \neq 0$, $c = 0$ のときには，媒介変数表示 (9.1) から，直線の方程式は

$$\frac{x - x_0}{a} = \frac{y - y_0}{b}, \ z = z_0$$

となる．これは xy 平面に平行な直線を表している．他の場合にも (9.1) にもどって考えればよい．

> **例題 9.3**
>
> 点 $(2, -1, 3)$ を通り，次の方向ベクトルをもつ直線の方程式を求めよ．
> (1)　$(1, 5, -2)$　　　(2)　$(3, 4, 0)$

解答

(1)　媒介変数 t を用いた直線の方程式は

$$\begin{cases} x = 2 + t \\ y = -1 + 5t \\ z = 3 - 2t \end{cases}$$

となる．これより t を消去して，

$$x - 2 = \frac{y + 1}{5} = \frac{z - 3}{-2} \ .$$

(2)　媒介変数 t を用いた直線の方程式は

$$\begin{cases} x = 2 + 3t \\ y = -1 + 4t \\ z = 3 \end{cases} \quad \text{となる. 第1式と第2式から } t \text{ を消去して,}$$

$$\frac{x-2}{3} = \frac{y+1}{4}, \; z = 3.$$

問 9.3 点 $(3, -4, 2)$ を通り, 次の方向ベクトルをもつ直線の方程式を求めよ.

(1) $(-2, 1, 3)$ (2) $(0, 4, -5)$ (3) $(0, 0, 3)$

次に, 与えられた 2 点 $A(x_0, y_0, z_0)$, $B(x_1, y_1, z_1)$ を通る直線の方程式を考えよう. この直線の方向ベクトルとして,

$$\overrightarrow{AB} = (x_1 - x_0, y_1 - y_0, z_1 - z_0)$$

をとることができるから, (9.2) よりこの直線の方程式は次のようになる.

> **直線の方程式 (2)**
>
> 2 点 (x_0, y_0, z_0), (x_1, y_1, z_1) を通る直線の方程式は,
> $$\frac{x - x_0}{x_1 - x_0} = \frac{y - y_0}{y_1 - y_0} = \frac{z - z_0}{z_1 - z_0} \tag{9.3}$$
> で与えられる. ただし, $x_0 \neq x_1, y_0 \neq y_1, z_0 \neq z_1$ とする.

> **!** 上の表示 (9.3) は $x_0 \neq x_1, y_0 \neq y_1, z_0 \neq z_1$ でないと用いることができない. そうでないとき, たとえば, $x_0 = x_1$ の場合には, 直線の方向ベクトルは $(0, y_1 - y_0, z_1 - z_0)$ となる. したがって, 直線の方程式 (1) の後で述べたように, 媒介変数表示 (9.1) にもどって直線の方程式を考えることができる. 他の場合も同様.

例題 9.4

2 点 $(1, -2, 3)$, $(2, -3, -1)$ を通る直線の方程式を求めよ.

解答 式 (9.3) に代入して求めればよい.

$$\frac{x-1}{2-1} = \frac{y-(-2)}{-3-(-2)} = \frac{z-3}{-1-3} \quad \text{より} \quad x - 1 = \frac{y+2}{-1} = \frac{z-3}{-4}.$$

問 9.4 次の 2 点を通る直線の方程式を求めよ.

(1) $(-1, 2, 3), (2, 3, 5)$ (2) $(3, 4, -2), (5, 3, -2)$

9.4 空間における平面の方程式

空間において平面がどのような方程式で表されるかを考えよう. 空間において平面は, その平面上の 1 点と, その平面に垂直なベクトルが与えられると定まる.

1点 P_0 を通り，ベクトル $\vec{n}$ に垂直な平面 α の方程式を求めよう．点 P が平面 α 上にあるためには，
$$\vec{n} \perp \overrightarrow{P_0P},$$
すなわち，

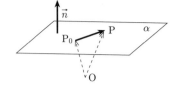

$$\vec{n} \cdot \overrightarrow{P_0P} = 0 \tag{9.4}$$

でなければならない．ここで，点 P，点 P_0 の位置ベクトルをそれぞれ $\vec{p}, \vec{p_0}$ とすれば，(9.4) は

$$\vec{n} \cdot (\vec{p} - \vec{p_0}) = 0 \tag{9.5}$$

と書くことができる．これが平面 α の**ベクトル方程式**である．

さらに，$\vec{p} = (x, y, z), \vec{p_0} = (x_0, y_0, z_0), \vec{n} = (a, b, c)$ と成分表示すると

$$\vec{p} - \vec{p_0} = (x - x_0, y - y_0, z - z_0)$$

であるから，(9.5) は

$$a(x - x_0) + b(y - y_0) + c(z - z_0) = 0$$

と表される．すなわち，

> **平面の方程式 (1)**
> 空間内の 1 点 $P_0(x_0, y_0, z_0)$ を通り，ベクトル $\vec{n} = (a, b, c)$ に垂直な平面の方程式は，
> $$a(x - x_0) + b(y - y_0) + c(z - z_0) = 0 \tag{9.6}$$
> で与えられる．

このベクトル $\vec{n}$ をこの平面の**法線ベクトル**という．

例題 9.5

次の平面の方程式を求めよ．
(1) 点 $(4, 5, -2)$ を通り，ベクトル $(3, -1, 2)$ を法線ベクトルとする平面．
(2) 2点 $A(2, 1, 4), B(5, 3, 5)$ に対して，点 A を通り，$\overrightarrow{AB}$ に垂直な平面．

解答

(1) 平面の方程式 (9.6) より，
$$3 \cdot (x - 4) + (-1) \cdot (y - 5) + 2 \cdot (z + 2) = 0.$$
これを整理して，$3x - y + 2z - 3 = 0$．

(2) $\overrightarrow{AB} = (5, 3, 5) - (2, 1, 4) = (3, 2, 1)$ であるから，求める平面の方程式は
$$3 \cdot (x - 2) + 2 \cdot (y - 1) + 1 \cdot (z - 4) = 0.$$

これを整理して，　　$3x + 2y + z - 12 = 0.$

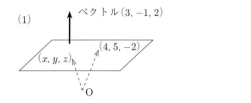
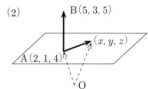

問 9.5　以下の平面の方程式を求めよ．
(1)　点 $(1, -2, 3)$ を通り，ベクトル $(2, 3, -1)$ を法線ベクトルとする平面．
(2)　2 点 A$(2, -1, 3)$, B$(3, 1, 2)$ に対して，点 A を通り，$\overrightarrow{AB}$ に垂直な平面．

───────────────

平面の方程式 (9.6) を，上の例題のように展開して整理すると，

$$ax + by + cz + d = 0 \quad (d = -ax_0 - by_0 - cz_0)$$

という x, y, z の 1 次方程式の形で表されることがわかる．

> **平面の方程式 (2)**
> x, y, z の 1 次方程式
> $$ax + by + cz + d = 0 \qquad (9.7)$$
> は，$\vec{n} = (a, b, c)$ を法線ベクトルとする平面を表す．

さて，同一直線上にない 3 点は 1 つの平面を定めるから，そのような 3 点の座標が与えられると，その 3 点を通る平面の方程式を求めることができる．

例題 9.6
3 点 A$(-1, 0, 0)$, B$(-4, 0, 3)$, C$(0, 1, 4)$ を通る平面の方程式を求めよ．

解答　求める平面の方程式を $ax + by + cz + d = 0$ とおく．3 点 A, B, C の座標を代入して，

$$\begin{cases} -a + d = 0 \\ -4a + 3c + d = 0 \\ b + 4c + d = 0 \end{cases}$$

これらから，a, b, c を d を用いて表すと，　　$a = d, \ b = -5d, \ c = d \quad \cdots ①$.
よって，もとの方程式 $ax + by + cz + d = 0$ に代入すると，

$$dx - 5dy + dz + d = 0.$$

106　第 9 章　空間における直線，平面の方程式

もし $d = 0$ ならば，① から a, b, c はすべて 0 になってしまう．したがって，$d \neq 0$. よって，上の方程式を d で割ることができて，求める平面の方程式は

$$x - 5y + z + 1 = 0.$$

問 9.6　3 点 A$(5, 4, 0)$, B$(0, 5, 3)$, C$(4, 0, 2)$ を通る平面の方程式を求めよ．

───────────────

直線と平面の交点は，直線を媒介変数で表すことにより求めることができる．

例題 9.7

次の直線 l と平面 α の交点の座標を求めよ．
$$l \ : \ \frac{x+1}{3} = \frac{y+3}{2} = \frac{z+4}{5}$$
$$\alpha \ : \ 2x - 3y + z = 8$$

解答　$\dfrac{x+1}{3} = \dfrac{y+3}{2} = \dfrac{z+4}{5} = t$　とおくと，l 上の点の座標 (x, y, z) は

$$x = -1 + 3t, \ \ y = -3 + 2t, \ \ z = -4 + 5t$$

と表される（直線 l の媒介変数表示）．この点が平面 α 上にあるためには

$$2(-1 + 3t) - 3(-3 + 2t) + (-4 + 5t) = 8.$$

これを解いて，$t = 1$. これを直線の媒介変数表示に代入すると，

$$x = 2, \quad y = -1, \quad z = 1$$

となる．すなわち，求める交点の座標は $(2, -1, 1)$.

問 9.7　次の直線 l と平面 α の交点の座標を求めよ．

(1)　$l : \dfrac{x}{3} = \dfrac{y-1}{4} = \dfrac{z+1}{-1}$,　$\alpha : 3x + 4y - z + 21 = 0$

(2)　$l : x = -y + 1 = \dfrac{z-4}{2}$,　$\alpha : 2x - 2y + 3z = 0$

9.5　ベクトルの外積

空間内の 2 つのベクトル $\vec{a} = (a_1, a_2, a_3)$, $\vec{b} = (b_1, b_2, b_3)$ に対して，$\vec{a}$ と $\vec{b}$ の**外積** $\vec{a} \times \vec{b}$ を次で定める．

$$
\begin{aligned}
\vec{a} \times \vec{b} &= (a_1, a_2, a_3) \times (b_1, b_2, b_3) \\
&= (a_2 b_3 - a_3 b_2, \ a_3 b_1 - a_1 b_3, \ a_1 b_2 - a_2 b_1) \quad (9.8)
\end{aligned}
$$

外積について，次の性質が成り立つことが知られている．

外積の性質

$\vec{a}, \vec{b}$ を平行でない 2 つのベクトルとするとき,
(1) $\vec{a} \times \vec{b}$ は, $\vec{a}$ および $\vec{b}$ に垂直なベクトルである.
(2) $\vec{a} \times \vec{b}$ の大きさ $|\vec{a} \times \vec{b}|$ は, $\vec{a}, \vec{b}$ を隣り合う 2 辺とする平行四辺形の面積に等しい.
(3) $\vec{a} \times \vec{b} = -\vec{b} \times \vec{a}$.

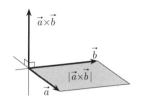

例題 9.8

$\vec{a} = (5, 1, -4), \vec{b} = (3, 6, -2)$ に対して,以下の問いに答えよ.
(1) 外積 $\vec{a} \times \vec{b}, \vec{b} \times \vec{a}$ を計算せよ.
(2) 内積 $\vec{a} \cdot (\vec{a} \times \vec{b}), \vec{b} \cdot (\vec{a} \times \vec{b})$ を計算し,上の性質 (1) を確かめよ.

解答

(1) 外積の定義 (9.8) より,

$$\begin{aligned}
\vec{a} \times \vec{b} &= (5, 1, -4) \times (3, 6, -2) \\
&= (1 \cdot (-2) - (-4) \cdot 6,\ (-4) \cdot 3 - 5 \cdot (-2),\ 5 \cdot 6 - 1 \cdot 3) \\
&= (22, -2, 27), \\
\vec{b} \times \vec{a} &= (3, 6, -2) \times (5, 1, -4) \\
&= (6 \cdot (-4) - (-2) \cdot 1,\ (-2) \cdot 5 - 3 \cdot (-4),\ 3 \cdot 1 - 6 \cdot 5) \\
&= (-22, 2, -27)
\end{aligned}$$

となり,$\vec{a} \times \vec{b} = -\vec{b} \times \vec{a}$ が成立していることがわかる.

(2) 内積の成分表示より,

$$\begin{aligned}
\vec{a} \cdot (\vec{a} \times \vec{b}) &= (5, 1, -4) \cdot (22, -2, 27) \\
&= 5 \cdot 22 + 1 \cdot (-2) + (-4) \cdot 27 = 0, \\
\vec{b} \cdot (\vec{a} \times \vec{b}) &= (3, 6, -2) \cdot (22, -2, 27) \\
&= 3 \cdot 22 + 6 \cdot (-2) + (-2) \cdot 27 = 0
\end{aligned}$$

となり,$\vec{a} \times \vec{b}$ は,$\vec{a}$ および $\vec{b}$ に垂直なベクトルであることがわかる.

問 9.8 次の $\vec{a}, \vec{b}$ に対して,$\vec{a} \times \vec{b}$ を求めよ.

(1) $\vec{a} = (1, 0, 2), \vec{b} = (2, 3, 6)$ (2) $\vec{a} = (3, -5, 7), \vec{b} = (-4, 2, -6)$

ここでは,外積を直線および平面の方程式に応用してみよう.

例題 9.9

点 A$(3,-2,5)$ を通り，2つのベクトル $\vec{u}=(1,1,2), \vec{v}=(4,2,3)$ に垂直な直線の方程式を求めよ．

解答 求める直線を l とする．l は点 A を通り，「$\vec{u}$ と $\vec{v}$ に垂直なベクトル」に平行な直線であるから，l の方向ベクトルとして $\vec{u}\times\vec{v}$ をとることができる．
$$\vec{u}\times\vec{v}=(1,1,2)\times(4,2,3)=(-1,5,-2)$$
であるから，l の方程式は
$$\frac{x-3}{-1}=\frac{y+2}{5}=\frac{z-5}{-2} \quad \left(\text{または } x-3=\frac{y+2}{-5}=\frac{z-5}{2}\right)$$
となる．

問 9.9 外積を用いて，点 A$(-2,0,4)$ を通り，2つのベクトル $\vec{u}=(2,1,6), \vec{v}=(1,-1,2)$ に垂直な直線の方程式を求めよ．

例題 9.6 では3点を通る平面の方程式を求めたが，ここでは外積を用いて同様の問題を解いてみよう．

例題 9.10

3点 A$(-2,1,3)$, B$(1,-2,1)$, C$(-1,4,4)$ を通る平面の方程式を求めよ．

解答 求める平面を α とする．α は線分 AB および AC を含むので，α の法線ベクトル $\vec{n}$ は $\overrightarrow{AB}$ および $\overrightarrow{AC}$ と垂直になる．したがって，$\vec{n}$ として $\overrightarrow{AB}\times\overrightarrow{AC}$ をとることができる．$\overrightarrow{AB}=(3,-3,-2), \overrightarrow{AC}=(1,3,1)$ より
$$\overrightarrow{AB}\times\overrightarrow{AC}=(3,-5,12)$$
である．以上から，α は点 A を通り，ベクトル $(3,-5,12)$ に垂直な平面であり，その方程式は

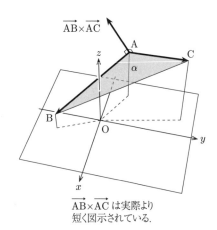

$\overrightarrow{AB}\times\overrightarrow{AC}$ は実際より短く図示されている．

$3(x+2)-5(y-1)+12(z-3)=0$ すなわち $3x-5y+12z=25$

となる．

問 9.10 外積を用いて，3点 $(-1,5,2), (1,4,6), (2,3,7)$ を通る平面の方程式を求めよ．

10

数列と無限級数

10.1 数列の極限

数列 $\{a_n\}$，すなわち，

$$a_0, a_1, a_2, \cdots, a_n, \cdots$$

において，n を限りなく大きくするとき，a_n がある値 A に限りなく近づくならば，$\{a_n\}$ は A に**収束**するといい，A を $\{a_n\}$ の**極限値**または**極限**という．このとき，

$$\lim_{n \to \infty} a_n = A,$$

あるいは，$a_n \to A \quad (n \to \infty)$ などと書く．

数列 $\{a_n\}$ が収束しないとき，$\{a_n\}$ は**発散**するといい，次の場合に分けられる．

(1) 正の無限大 $(+\infty)$ に発散: a_n が限りなく大きくなることをいい，

$$\lim_{n \to \infty} a_n = +\infty$$

と書く．

(2) 負の無限大 $(-\infty)$ に発散: a_n は負で $|a_n|$ が限りなく大きくなること $\left(\lim_{n \to \infty} (-a_n) = +\infty \right)$ をいい，

$$\lim_{n \to \infty} a_n = -\infty$$

と書く．

(3) 振動: $\{a_n\}$ が収束せず，正および負の無限大にも発散しないとき，$\{a_n\}$ は**振動**するという．

例題 10.1

次の数列の収束・発散を調べよ．

(1) $1, 3, 5, 7, \cdots$ 　　　 (2) $1, -\dfrac{1}{2}, \dfrac{1}{3}, -\dfrac{1}{4}, \cdots$

(3) $1, 0, -1, -2, \cdots$ 　　　 (4) $1, -1, 1, -1, \cdots$

解答

(1) $a_0 = 1$ で公差 2 の等差数列だから，一般項は $a_n = 2n + 1$ で表される．よって $\lim_{n \to \infty} a_n = +\infty$ であり，正の無限大に発散する．

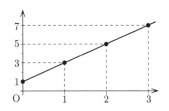

(2) 一般項は $a_n = (-1)^n \dfrac{1}{n+1}$ で表されるから，n を限りなく大きくすると a_n は 0 に限りなく近づく．すなわち $\lim_{n \to \infty} a_n = 0$ である．

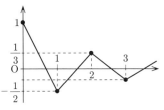

(3) 一般項は $a_n = 1 - n$ で表されるから，$\lim_{n \to \infty} a_n = -\infty$ であり，負の無限大に発散する．

(4) $1, -1$ が交互に現れ，n を限りなく大きくしても一定の値に近づかない．また，$+\infty$ にも，$-\infty$ にも発散していないので，振動する数列である．

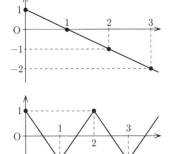

> **問 10.1** 次の数列の収束・発散を調べよ．
> (1) $1, -\dfrac{1}{2}, \dfrac{1}{4}, -\dfrac{1}{8}, \cdots$ (2) $1, -2, 4, -8, \cdots$
> (3) $0, \dfrac{1}{2}, \dfrac{2}{3}, \dfrac{3}{4}, \cdots$ (4) $1, -\dfrac{3}{2}, \dfrac{5}{3}, -\dfrac{7}{4}, \cdots$

数列 $\{a_n\}, \{b_n\}$ が収束するとき，次の定理が成り立つ．

数列の極限

$\lim_{n \to \infty} a_n = A, \lim_{n \to \infty} b_n = B$ とすると，

(1) $\lim_{n \to \infty} (p\, a_n + q\, b_n) = pA + qB$

(2) $\lim_{n \to \infty} (a_n b_n) = AB$

(3) $b_n \neq 0, B \neq 0$ ならば，$\lim_{n \to \infty} \dfrac{a_n}{b_n} = \dfrac{A}{B}$

(4) $a_n \leqq b_n \ (n = 0, 1, 2, \cdots)$ ならば，$A \leqq B$

特に，数列 $\{n^p\}$ および $\left\{\dfrac{1}{n^p}\right\}$ の極限については次の式が成り立つ．

10.2 等比数列の極限　　*111*

> ベキ乗の極限
> $$\lim_{n\to\infty} n^p = +\infty, \qquad \lim_{n\to\infty} \frac{1}{n^p} = 0 \qquad (p > 0)$$

例題 10.2

次の数列の極限を調べよ.

(1) $\left\{ \dfrac{4n^3 + 2}{2n^2 + n - 1} \right\}$　　　(2) $\left\{ \sqrt{n+1}\left(\sqrt{n+2} - \sqrt{n}\right) \right\}$

解答

(1) $\dfrac{4n^3 + 2}{2n^2 + n - 1} = \dfrac{4 + \dfrac{2}{n^3}}{2 + \dfrac{1}{n} - \dfrac{1}{n^2}} \cdot n$ なので, $+\infty$ に発散する.

(2) $\sqrt{n+1}\left(\sqrt{n+2} - \sqrt{n}\right) = \dfrac{\sqrt{n+1}\left(\sqrt{n+2} - \sqrt{n}\right)\left(\sqrt{n+2} + \sqrt{n}\right)}{\sqrt{n+2} + \sqrt{n}}$

$\qquad = \dfrac{\sqrt{n+1}\,(n+2-n)}{\sqrt{n+2} + \sqrt{n}} = \dfrac{2\sqrt{1 + \dfrac{1}{n}}}{\sqrt{1 + \dfrac{2}{n}} + 1} \to 1 \quad (n \to \infty)$

問 10.2　次の数列の極限を調べよ.

(1) $\left\{ \dfrac{2n^2 + 3n + 4}{6n} \right\}$　　　　　(2) $\left\{ \dfrac{2n^2 + 3n + 4}{5n^2} \right\}$

(3) $\left\{ \dfrac{2n^2 + 3n + 4}{4n^3} \right\}$　　　　　(4) $\left\{ \dfrac{2n^2}{3n^2 - 4n + 1} \right\}$

(5) $\left\{ \dfrac{\sqrt{n+5} - \sqrt{n+2}}{\sqrt{n+3} - \sqrt{n+1}} \right\}$

10.2 等比数列の極限

$a_0 = 1$ で公比 r の等比数列 $\{a_n = r^n\}$, すなわち,

$$1, r, r^2, r^3, \cdots$$

の極限は次のように場合分けされる.

> 数列 $\{r^n\}$ の極限
> (1) $r > 1$ のとき, $\displaystyle\lim_{n\to\infty} r^n = +\infty$
> (2) $r = 1$ のとき, $\displaystyle\lim_{n\to\infty} r^n = 1$
> (3) $|r| < 1$ のとき, $\displaystyle\lim_{n\to\infty} r^n = 0$
> (4) $r \leqq -1$ のとき, $\{r^n\}$ は振動する

112　第 10 章　数列と無限級数

例題 10.3

一般項が次の式で表される数列 $\{a_n\}$ の極限を調べよ.

(1)　$a_n = \dfrac{5 \cdot 4^n - 3 \cdot 2^n}{2 \cdot 4^n - 4 \cdot 3^n}$　　(2)　$a_n = \dfrac{3r^n - 2r^{-n}}{r^n + r^{-n}}$　$(r > 0)$

解答

(1)　a_n の分子, 分母を 4^n で割ってから極限を考えると

$$a_n = \frac{5 - 3\left(\dfrac{2}{4}\right)^n}{2 - 4\left(\dfrac{3}{4}\right)^n} \to \frac{5 - 0}{2 + 0} = \frac{5}{2}\quad (n \to \infty).$$

(2)　$\underline{r > 1 のとき}$, a_n の分子, 分母を r^n で割ると

$$a_n = \frac{r^n\left\{3 - 2\left(\dfrac{1}{r}\right)^{2n}\right\}}{r^n\left\{1 + \left(\dfrac{1}{r}\right)^{2n}\right\}} = \frac{3 - 2\left(\dfrac{1}{r}\right)^{2n}}{1 + \left(\dfrac{1}{r}\right)^{2n}}\,.$$

$0 < \dfrac{1}{r} < 1$ より $\left(\dfrac{1}{r}\right)^{2n} \to 0\ (n \to \infty)$ だから, $\displaystyle\lim_{n \to \infty} a_n = 3$ である.

$\underline{r = 1 のとき}$, $a_n = \dfrac{3 - 2}{1 + 1} = \dfrac{1}{2}$ より $\displaystyle\lim_{n \to \infty} a_n = \dfrac{1}{2}$ である.

$\underline{0 < r < 1 のとき}$,

$$a_n = \frac{r^{-n}\left(3r^{2n} - 2\right)}{r^{-n}\left(r^{2n} + 1\right)} = \frac{3r^{2n} - 2}{r^{2n} + 1}$$

において $r^{2n} \to 0\ (n \to \infty)$ だから, $\displaystyle\lim_{n \to \infty} a_n = -2$ である.

問 10.3　一般項が次の式で表される数列 $\{a_n\}$ の極限を調べよ.

(1)　$a_n = \dfrac{3^n - 2 \cdot 2^n}{3^n + 2^n}$　　(2)　$a_n = \dfrac{4^n + 3^n}{2 \cdot 3^n - 2^{2n}}$

(3)　$a_n = \dfrac{4^n - 3^n}{3^n + 2^n}$

10.3　無限級数

数列 $\{a_n\}$ に対して,

$$a_0 + a_1 + a_2 + \cdots + a_n + \cdots$$

を**無限級数**といい, $\displaystyle\sum_{n=0}^{\infty} a_n$ と書く. a_n を無限級数 $\displaystyle\sum_{n=0}^{\infty} a_n$ の第 n 項という.

また, 第 n 項までの和

$$s_n = a_0 + a_1 + a_2 + \cdots + a_n$$

を（第 n）**部分和**といい，部分和 $\{s_n\}$ の収束・発散によって無限級数 $\displaystyle\sum_{n=0}^{\infty} a_n$ の収束・発散を定める.

$\{s_n\}$ が A に収束することを $\displaystyle\sum_{n=0}^{\infty} a_n = A$ で表し，A を無限級数 $\displaystyle\sum_{n=0}^{\infty} a_n$ の**和**という.また，$\{s_n\}$ が $+\infty$ に発散することを $\displaystyle\sum_{n=0}^{\infty} a_n = +\infty$ で表し，$-\infty$ に発散することを $\displaystyle\sum_{n=0}^{\infty} a_n = -\infty$ で表す.

無限級数と部分和の極限

$$\sum_{n=0}^{\infty} a_n = \lim_{n \to \infty} \sum_{k=0}^{n} a_k$$

例題 10.4

次の無限級数の収束・発散を調べよ.

$$\sum_{n=0}^{\infty} \frac{1}{(n+1)(n+2)} = \frac{1}{1 \cdot 2} + \frac{1}{2 \cdot 3} + \frac{1}{3 \cdot 4} + \cdots$$

解答

$\dfrac{1}{(n+1)(n+2)} = \dfrac{1}{n+1} - \dfrac{1}{n+2}$ であるので，部分和 s_n は

$$\begin{aligned}
s_n &= \frac{1}{1 \cdot 2} + \frac{1}{2 \cdot 3} + \cdots + \frac{1}{(n+1)(n+2)} \\
&= \left(\frac{1}{1} - \frac{1}{2} \right) + \left(\frac{1}{2} - \frac{1}{3} \right) + \cdots + \left(\frac{1}{n+1} - \frac{1}{n+2} \right) \\
&= 1 - \frac{1}{n+2}
\end{aligned}$$

である.したがって，

$$\sum_{n=0}^{\infty} \frac{1}{(n+1)(n+2)} = \lim_{n \to \infty} s_n = 1$$

問 10.4 次の無限級数の収束・発散を調べよ.

(1) $\displaystyle\sum_{n=0}^{\infty} \frac{2}{(n+1)(n+3)} = \frac{2}{1 \cdot 3} + \frac{2}{2 \cdot 4} + \frac{2}{3 \cdot 5} + \cdots$

(2) $\displaystyle\sum_{n=0}^{\infty} \frac{1}{\sqrt{n} + \sqrt{n+1}} = \frac{1}{\sqrt{1}} + \frac{1}{\sqrt{1} + \sqrt{2}} + \frac{1}{\sqrt{2} + \sqrt{3}} + \cdots$

収束する無限級数 $\displaystyle\sum_{n=0}^{\infty} a_n = A$ の部分和 s_n に対して，$a_n = s_n - s_{n-1}$ より，

$\displaystyle\lim_{n \to \infty} a_n = \lim_{n \to \infty} (s_n - s_{n-1}) = \lim_{n \to \infty} s_n - \lim_{n \to \infty} s_{n-1} = A - A = 0$ である．

無限級数と数列の極限

$$\sum_{n=0}^{\infty} a_n \text{ が収束するならば，} \lim_{n \to \infty} a_n = 0$$

したがって，$\displaystyle\lim_{n \to \infty} a_n \neq 0$ ならば無限級数 $\displaystyle\sum_{n=0}^{\infty} a_n$ は発散する．

ただし，$\displaystyle\lim_{n \to \infty} a_n = 0$ でも $\displaystyle\sum_{n=0}^{\infty} a_n$ が発散することもあるので，注意を要する（本章末の無限級数の例 (1) 参照）．

10.4 無限等比級数

等比数列からつくられる無限級数

$$\sum_{n=0}^{\infty} ar^n = a + ar + ar^2 + \cdots + ar^n + \cdots$$

を無限等比級数という．$a = 0$ ならば，r の値に関わらず収束し，その和は 0 である．$a \neq 0$ のときの収束・発散を調べるため，まず，部分和

$$s_n = a + ar + ar^2 + \cdots + ar^n$$

を簡単な式で表そう．$r \neq 1$ のときは，上の s_n の式からその r 倍

$$rs_n = ar + ar^2 + \cdots + ar^n + ar^{n+1}$$

を辺々引いた式 $(1-r)s_n = a(1 - r^{n+1})$ により，$s_n = \dfrac{a(1 - r^{n+1})}{1 - r}$ と書けることがわかる．$r = 1$ のときは，$s_n = (n+1)a$ である．よって，

無限等比級数 $\displaystyle\sum_{n=0}^{\infty} ar^n$ の収束・発散

(1) $|r| < 1$ ならば，$\dfrac{a}{1-r}$ に収束する

(2) $|r| \geqq 1$ ならば，発散する

10.4 無限等比級数 *115*

― 例題 10.5 ―――――――――

次の無限級数の和を求めよ.

(1) $\displaystyle\sum_{n=0}^{\infty} \frac{3}{4^n} = 3 + \frac{3}{4} + \frac{3}{4^2} + \frac{3}{4^3} + \cdots$

(2) $\displaystyle\sum_{n=0}^{\infty} \frac{0.9}{10^n} = 0.9 + 0.09 + 0.009 + 0.0009 + \cdots$

解答

(1) $\displaystyle\sum_{n=0}^{\infty} \frac{3}{4^n} = \sum_{n=0}^{\infty} 3 \left(\frac{1}{4}\right)^n = \frac{3}{1 - \dfrac{1}{4}} = 4$

(2) $\displaystyle\sum_{n=0}^{\infty} \frac{0.9}{10^n} = \sum_{n=0}^{\infty} 0.9 \left(\frac{1}{10}\right)^n = \frac{0.9}{1 - \dfrac{1}{10}} = 1$

! 上の例題の (2) からわかるように, $0.999\cdots = 1$ である.

問 10.5 次の無限級数の和を求めよ.

(1) $\displaystyle\sum_{n=0}^{\infty} \frac{0.81}{10^{2n}} = 0.81 + 0.0081 + 0.000081 + \cdots$

(2) $\displaystyle\sum_{n=0}^{\infty} \frac{0.81}{10^{3n}} = 0.81 + 0.00081 + 0.00000081 + \cdots$

(3) $\displaystyle\sum_{n=0}^{\infty} \frac{0.81}{(-10)^n} = 0.81 - 0.081 + 0.0081 - \cdots$

― 例題 10.6 ―――――――――

次の無限級数が収束するような x の値の範囲, およびその和を求めよ.

$$\sum_{n=0}^{\infty} \left(-\frac{x}{3}\right)^n = 1 - \frac{x}{3} + \left(\frac{x}{3}\right)^2 - \left(\frac{x}{3}\right)^3 + \cdots$$

解答　収束する条件は $\left|-\dfrac{x}{3}\right| < 1$ より, $-3 < x < 3$ であり, また, 無限級数の和は $\dfrac{1}{1 - \left(-\dfrac{x}{3}\right)} = \dfrac{3}{3 + x}$ である.

116   第 10 章　数列と無限級数

問 10.6　次の無限級数が収束するような x の範囲，およびその和を求めよ.

(1)　$\displaystyle\sum_{n=0}^{\infty}(2x)^n = 1 + 2x + 4x^2 + 8x^3 + \cdots$

(2)　$\displaystyle\sum_{n=0}^{\infty}(1-x)^n = 1 + (1-x) + (1-x)^2 + (1-x)^3 + \cdots$

(3)　$\displaystyle\sum_{n=0}^{\infty}\sin 2x \cos^n 2x = \sin 2x + \sin 2x \cos 2x + \sin 2x \cos^2 2x + \cdots$

(4)　$\displaystyle\sum_{n=0}^{\infty}(-\tan^2 x)^n = 1 - \tan^2 x + \tan^4 x - \tan^6 x + \cdots$

10.5　種々の無限級数

いろいろな無限級数の収束・発散を調べるには，定義に基づいて部分和の極限を調べなければならないが，次の和に関する性質が有効である場合もある.

無限級数の和の線形演算

無限級数 $\displaystyle\sum_{n=0}^{\infty}a_n, \sum_{n=0}^{\infty}b_n$ が収束するとき，無限級数 $\displaystyle\sum_{n=0}^{\infty}(p\,a_n + q\,b_n)$

（ただし p, q は定数）も収束し，$\displaystyle\sum_{n=0}^{\infty}a_n = A, \sum_{n=0}^{\infty}b_n = B$ ならば，

$$\sum_{n=0}^{\infty}(p\,a_n + q\,b_n) = pA + qB$$

例題 10.7

次の無限級数の和を求めよ.

$$\sum_{n=0}^{\infty}\frac{5\cdot 2^n - 2}{3^n} = 3 + \frac{8}{3} + \frac{18}{3^2} + \frac{38}{3^3} + \cdots$$

解答　分子，分母を 3^n で割ると

$$\sum_{n=0}^{\infty}\frac{5\cdot 2^n - 2}{3^n} = \sum_{n=0}^{\infty}\left(5\left(\frac{2}{3}\right)^n - 2\left(\frac{1}{3}\right)^n\right)$$

となる. ここで

$$\sum_{n=0}^{\infty}\left(\frac{2}{3}\right)^n = \frac{1}{1-\dfrac{2}{3}} = 3, \qquad \sum_{n=0}^{\infty}\left(\frac{1}{3}\right)^n = \frac{1}{1-\dfrac{1}{3}} = \frac{3}{2}$$

であるから

$$\sum_{n=0}^{\infty} \frac{5 \cdot 2^n - 2}{3^n} = 5 \cdot 3 - 2 \cdot \frac{3}{2} = 12.$$

問 10.7 次の無限級数の和を求めよ.

(1) $\displaystyle\sum_{n=0}^{\infty} \frac{3^n + 2^n}{4^n} = 2 + \frac{5}{4} + \frac{13}{4^2} + \cdots$

(2) $\displaystyle\sum_{n=0}^{\infty} \frac{5 - 2^n}{3^n} = 4 + \frac{3}{3} + \frac{1}{3^2} + \cdots$

最後に有名な無限級数をいくつか挙げておく.

無限級数の例

(1) $\quad 1 + \dfrac{1}{2} + \dfrac{1}{3} + \dfrac{1}{4} + \cdots = +\infty$

(2) $\quad 1 - \dfrac{1}{2} + \dfrac{1}{3} - \dfrac{1}{4} + \cdots = \log 2$

(3) $\quad 1 - \dfrac{1}{3} + \dfrac{1}{5} - \dfrac{1}{7} + \cdots = \dfrac{\pi}{4}$

(4) $\quad 1 + \dfrac{1}{1!} + \dfrac{1}{2!} + \dfrac{1}{3!} + \cdots = e$

(5) $\quad 1 + \dfrac{1}{2^2} + \dfrac{1}{3^2} + \dfrac{1}{4^2} + \cdots = \dfrac{\pi^2}{6}$

11

集合と論理

11.1　集合

【集合と部分集合】　数学的に定められたある性質をみたすものの全体を**集合**という．たとえば，12 の正の約数であるものの全体 1, 2, 3, 4, 6, 12 は集合となる．この集合を D とするとき，

$$D = \{x \mid x \text{ は } 12 \text{ の正の約数}\}, \quad \text{または,} \quad D = \{1, 2, 3, 4, 6, 12\}$$

などと表す．一方，$M = \{x \mid x \text{ は大きい数である}\}$ は集合ではない．単に "大きい数である" といっても数学的に意味が定まらないからである．

　集合を構成している，すなわち，集合に**属する**ひとつひとつのものをその集合の**要素**という．a が集合 A の要素であることを，a は A に**属する**といい，記号では

$$a \in A \quad \text{あるいは} \quad A \ni a$$

と表す．また，b が A の要素でないことを

$$b \notin A \quad \text{あるいは} \quad A \not\ni b$$

と表す．たとえば，上で取り上げた集合 D において，2 は D に属し，5 は D に属さないので，$2 \in D$, $5 \notin D$ と表される．

　2 つの集合 A, B において，A のどの要素をとってもそれが B に含まれているとき，A は B の**部分集合**であるといい，記号では

$$A \subset B \quad \text{あるいは} \quad B \supset A$$

と表す．また，2 つの集合 A, B の要素全体が一致するとき，A と B は**等しい**といい，記号では $A = B$ と表す．つまり，

$$A = B \quad \text{は} \quad A \subset B \text{ かつ } B \subset A \text{ のときに限って成り立つ}$$

ということである．記号 $=, \subset, \supset$ によって表される集合の間の関係を**包含関係**という．たとえば，

$$D = \{x \mid x \text{ は } 12 \text{ の正の約数}\}, \ E = \{x \mid x \text{ は } 6 \text{ の正の約数}\}, \ F = \{1, 2, 3, 6\}$$

のとき，これらの包含関係として

$$E \subset D \ (D \supset E), \ D \neq E, \ E = F$$

が成り立つ.

要素を 1 つももたない集合 { } を **空集合** といい，記号 ϕ で表す．空集合は任意の集合の部分集合になっていると考え，任意の集合 S に対して，$\phi \subset S$ とする．

―― 例題 11.1 ――――――――――――――――

集合 $A = \{1, 2\}$ の部分集合は何個あるか．

解答 空集合も集合 A の部分集合なので，部分集合は全部で次の 4 個である．

$$\{1, 2\}, \{1\}, \{2\}, \phi = \{ \}$$

問 11.1a 次の集合の部分集合は何個あるか．
 (1) $A = \{1, 2, 3\}$ (2) $B = \{1, 2, 3, 4, 5, 6\}$

! 一般に，集合 A の要素の個数が n であるとき，A の部分集合の総数は 2^n 個であることが知られている．

問 11.1b $A = \{x \mid 5 \leqq x \leqq 8\}$，$B = \{x \mid -1 \leqq x \leqq k\}$ とする．
 (1) $A \subset B$ となるような k の値の範囲を求めよ．
 (2) $B = \phi$ となるような k の値の範囲を求めよ．

【共通部分と和集合】 2 つの集合 A, B のいずれにも属している要素の集合を，A と B の **共通部分** または **交わり** といい，$A \cap B$ で表す．また，A, B の少なくとも一方に属している要素の集合を，A と B の **和集合** または **結び** といい，$A \cup B$ で表す．

集合の包含関係を表す図（ベン図）を用いて示すと，次のとおりである．

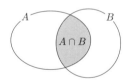
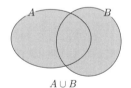

―― 例題 11.2 ――――――――――――――――

$A = \{x \mid x^2 - x - 12 \leqq 0\}$，$B = \{x \mid x^2 - 6x - 7 \leqq 0\}$ とする．
 (1) A, B を $\{x \mid a \leqq x \leqq b\}$ の形を用いて表せ．
 (2) $A \cap B, A \cup B$ を $\{x \mid a \leqq x \leqq b\}$ の形を用いて表せ．

解答
 (1) 2 次不等式を解くことにより，

$$A = \{x \mid -3 \leqq x \leqq 4\}, \quad B = \{x \mid -1 \leqq x \leqq 7\}.$$

(2) $A \cap B, A \cup B$ はそれぞれ A, B の共通部分,和集合であるから,
$$A \cap B = \{x \mid -1 \leqq x \leqq 4\}, \quad A \cup B = \{x \mid -3 \leqq x \leqq 7\}.$$

問 11.2 次の2つの集合 A, B および,$A \cap B, A \cup B$ を簡単な不等式を用いて表せ.

(1) $A = \{x \mid x^2 - 3x - 10 \leqq 0\}, B = \{x \mid x^2 - 5x - 6 \leqq 0\}$

(2) $A = \{x \mid x^2 - 4x - 5 \leqq 0\}, B = \{x \mid x^2 - 4x - 12 \leqq 0\}$

(3) $A = \{x \mid x^2 + x - 2 \leqq 0\}, B = \{x \mid x^2 - x - 2 \geqq 0\}$

【**全体集合と補集合**】 あらかじめ,整数全体の集合や,実数全体の集合のように,考えているものの範囲全体を**全体集合**といい,U などで表す.

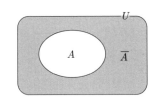

全体集合 U の部分集合 A に対して,U の要素であって A には属さないもの全体の集合を A の**補集合**といい,記号 $\overline{A}$ で表す.このとき,定義から

$$A \cap \overline{A} = \phi, \quad A \cup \overline{A} = U$$

が成り立つ.

たとえば,10 以下の正の整数全体を全体集合 U とし,その部分集合 A を 10 の約数全体の集合とするとき,
$$A = \{1, 2, 5, 10\}, \quad \overline{A} = \{3, 4, 6, 7, 8, 9\}$$
である.

例題 11.3

実数全体の集合 $\boldsymbol{R}$ を全体集合と考えたとき,
$$A = \{x \in \boldsymbol{R} \mid x^2 - x - 6 \geqq 0\}$$
の補集合を簡単な不等式を用いて表せ.

解答 $A = \{x \in \boldsymbol{R} \mid x \leqq -2 \text{ または } 3 \leqq x\}$ であるから,その補集合は
$$\overline{A} = \{x \in \boldsymbol{R} \mid x^2 - x - 6 < 0\} = \{x \in \boldsymbol{R} \mid -2 < x < 3\}.$$

問 11.3 実数全体 $\boldsymbol{R}$ を全体集合とし,その部分集合 A, B を
$A = \{x \in \boldsymbol{R} \mid (x-5)(x+6) \leqq 0\}, B = \{x \in \boldsymbol{R} \mid (x+1)(x-9) \leqq 0\}$
とするとき,次の問いに答えよ.

(1) $\overline{A}, \overline{B}$ を簡単な不等式を用いて表せ.

(2) $\overline{A} \cap \overline{B}, \overline{A \cup B}$ を簡単な不等式を用いて表せ.

(3) $\overline{A} \cup \overline{B}, \overline{A \cap B}$ を簡単な不等式を用いて表せ.

2つの集合 A, B の共通部分，和集合の補集合 $\overline{A \cap B}, \overline{A \cup B}$ と A, B の補集合 $\overline{A}, \overline{B}$ の共通部分，和集合の関係をベン図で考えてみよう．

例題 11.4

ベン図を用いて，$\overline{A \cap B} = \overline{A} \cup \overline{B}$ を示せ．

解答 $\overline{A \cap B}$ と $\overline{A} \cup \overline{B}$ それぞれのベン図を描くと，下図のようになる．2つの集合は一致するので，$\overline{A \cap B} = \overline{A} \cup \overline{B}$ が成り立つことがわかる．

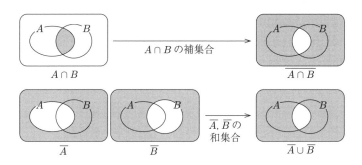

問 11.4 ベン図を用いて，$\overline{A \cup B} = \overline{A} \cap \overline{B}$ を示せ．

例題 11.4 と問 11.4 で示した関係を**ド・モルガンの法則**という．

> **ド・モルガンの法則**
> $$\overline{A \cap B} = \overline{A} \cup \overline{B}, \quad \overline{A \cup B} = \overline{A} \cap \overline{B}$$

【要素の個数】 要素の個数が有限である集合を**有限集合**といい，有限集合 A の要素の個数を $n(A)$ と表す．また，要素が無数にある集合を**無限集合**という．たとえば，
$$A = \{x \mid x \text{ は 24 の正の約数}\} = \{1, 2, 3, 4, 6, 8, 12, 24\}$$
であるとき，A は有限集合であり，$n(A) = 8$ である．一方，
$$B = \{x \mid x \text{ は 6 の倍数}\} = \{\cdots, -6, 0, 6, 12, \cdots\}$$
であるとき，B の要素は無数にあり，無限集合である．

集合の要素の個数に関しては次の関係式が成り立つ．

> **和集合・補集合の要素の個数**
> 全体集合 U が有限集合のとき，A, B をその部分集合とすると，
> $n(A \cup B) = n(A) + n(B) - n(A \cap B)$
> $n(\overline{A}) = n(U) - n(A)$
> が成り立つ．

122　第 11 章　集合と論理

―― 例題 11.5 ――――――――――――――――――――――――――――

300 以下の正の整数で次の条件をみたすものの個数を求めよ.

 (1)　3 でも 5 でも割り切れる　　(2) 3 または 5 で割り切れる

 (3)　3 で割り切れないか, または 5 で割り切れない

―――――――――――――――――――――――――――――――――――

解答　300 以下の正の整数全体 U を全体集合とし, U の要素のうち 3 の倍数の集合を A, 5 の倍数の集合を B とすると, $n(U) = 300,\ n(A) = 100,\ n(B) = 60$ である.

 (1)　「3 でも 5 でも割り切れる」数の集合 $A \cap B$ は 15 の倍数の集合であるから, その個数は $n(A \cap B) = 20$ である.

 (2)　「3 または 5 で割り切れる」数の集合は $A \cup B$ であり, その個数は
$$n(A \cup B) = n(A) + n(B) - n(A \cap B) = 100 + 60 - 20 = 140.$$

 (3)　「3 で割り切れないか, または 5 で割り切れない」数の集合は $\overline{A} \cup \overline{B}$ であるから, ド・モルガンの法則を用いると, その個数は
$$n(\overline{A} \cup \overline{B}) = n(\overline{A \cap B}) = n(U) - n(A \cap B) = 300 - 20 = 280.$$

問 11.5a　200 以下の正の整数で次の条件をみたすものの個数を求めよ.

 (1)　4 でも 5 でも割り切れる.　　(2) 4 または 5 で割り切れる.

 (3)　4 で割り切れるが 5 では割り切れない.

問 11.5b　ある学科の学生 120 名のうち, 高校で物理を履修した人は 96 名, 化学を履修した人は 73 名, 物理, 化学の少なくとも一方を履修した人は 110 名であった. このとき, 次の人数を求めよ.

 (1) 物理, 化学両方を履修した人

 (2) 物理, 化学のどちらか一方だけを履修した人

―― 例題 11.6 ――――――――――――――――――――――――――――

ある学科の 99 人の学生が物理, 化学, 生物を選択受講した. 全員少なくとも 1 科目は受講し, 物理, 化学, 生物の受講者の全体をそれぞれ A, B, C とするとき,
$$n(A) = 65,\ n(B) = 40,$$
$$n(A \cap B) = 14,\ n(A \cap C) = 11,\ n(A \cup C) = 78,\ n(B \cup C) = 55$$
となった.

 (1)　生物の受講者数を求めよ.

 (2)　1 科目だけを受講する学生数を求めよ.

 (3)　3 科目すべてを受講する学生数を求めよ.

―――――――――――――――――――――――――――――――――――

解答

(1) 生物の受講者数は $n(C)$ であるから，$n(A)+n(C)=n(A\cup C)+n(A\cap C)$ より次のように求まる．
$$n(C)=n(A\cup C)+n(A\cap C)-n(A)=78+11-65=24.$$

(2) 右図のように各部分に属する学生数を t,u,v,w,x,y,z とおく．
$$n(A\cup B)=n(A)+n(B)-n(A\cap B)=65+40-14=91$$
であり，全学生数が 99 名であるから，
$$x=99-n(B\cup C)=44,$$
$$y=99-n(A\cup C)=21,$$
$$z=99-n(A\cup B)=8$$
である．よって，求める学生数は
$$x+y+z=44+21+8=73.$$

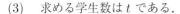

(3) 求める学生数は t である．
$$n(B\cap C)=n(B)+n(C)-n(B\cup C)=40+24-55=9$$
であるから，u,v,w は
$$u=n(A\cap B)-t=14-t,\quad v=n(B\cap C)-t=9-t,$$
$$w=n(A\cap C)-t=11-t$$
と表され，これらを
$$x+y+z+u+v+w+t=99,\quad \text{すなわち},\quad 73+u+v+w+t=99$$
に代入して，t を求めると，求める学生数 $t=4$ を得る．

問 11.6 60 名の学生がいるクラスで数学・物理・化学の試験を行なったところ，合格者はそれぞれ 45 名，34 名，44 名であった．また，数学だけ，物理だけ，化学だけに合格した学生はそれぞれ 8 名，1 名，6 名であり，3 科目すべてに合格した学生は 28 名であった．このとき，3 科目とも合格しなかった学生は何名いるか．

11.2 論理

【命題】 数学的に正しいか正しくないかがはっきりと決まることを表す式や文を**命題**という．命題が正しいときにはその命題は**真**である，あるいは，その命題は成り立つ，という．また，正しくないときにはその命題は**偽**である，あるいは，その命題は成り立たない，という．

124　第 11 章　集合と論理

例題 11.7

次の命題の真偽をいえ.

(1)　$-3 \leqq 2$　　　　　(2)　偶数の平方は 4 の倍数である

(3)　$(-3)^2 \leqq 2^2$　　　　(4)　奇数の平方は偶数である

解答

(1)　正しいので,真である.

(2)　偶数は $2n$ (n は整数) と表され,その平方は $(2n)^2 = 4n^2$ であるから 4 の倍数である.したがって,命題は真である.

(3)　この不等式は $9 \leqq 4$ となるので,偽である.

(4)　奇数は $2n-1$ (n は整数) と表され,平方すると

$$(2n-1)^2 = 4n^2 - 4n + 1 = 2(2n^2 - 2n) + 1$$

これは奇数なので,命題は偽である.

問 11.7　次の命題の真偽をいえ.

(1)　6 は素数である　　　(2)　偶数は 4 の倍数である

(3)　$3 \geqq 1$　　　　　(4)　最も小さい正の実数はある

(5)　100 より小さい正の整数で最大のものがある

(6)　2 より小さい実数の平方は 4 より小さい

【条件】　変数を含んだ式や文は,そのままでは命題ではない.たとえば,実数 x について,

$$x^2 - 6 > 0$$

は,$x=4$ を代入すると真の命題 $4^2 - 6 > 0$ となるが,$x=2$ を代入すると偽の命題 $2^2 - 6 > 0$ となる.このように,変数 x を含む式や文で,x に値を代入すると命題になる式や文を x に関する**条件**という.x に関する条件は,たとえば,

$$p(x) : x^2 - 6 > 0, \qquad q(x) : \text{「} x \text{ は 5 で割り切れる整数である」}$$

あるいは簡単に

$$p : x^2 - 6 > 0, \qquad q : \text{「} x \text{ は 5 で割り切れる整数である」}$$

などと表す.

条件 $p(x)$ について,$x=a$ を代入した命題 $p(a)$ が真であるとき,

$x=a$ は $p(x)$ をみたす,あるいは,$x=a$ のとき $p(x)$ は成り立つ

という.逆に,$x=a$ を代入した命題 $p(a)$ が偽であるとき,

$x=a$ は $p(x)$ をみたさない,あるいは,$x=a$ のとき $p(x)$ は成り立たない

という.

11.2 論理　　*125*

例題 11.8

整数 x に関する条件 $p(x)$：「$x^2 + 1$ は 5 で割り切れる」について，命題 $p(2)$，命題 $p(4)$ はそれぞれ真か偽か．

解答　条件 $p(x)$ に $x = 2$ と $x = 4$ それぞれ代入すると

$$命題\ p(2)：「2^2 + 1(= 5) は 5 で割り切れる」$$
$$命題\ p(4)：「4^2 + 1(= 17) は 5 で割り切れる」$$

となる．したがって，$p(2)$ は真，$p(4)$ は偽である．

問 11.8　次の命題の真偽をいえ．

(1)　条件 $p(x)$：「$x^2 - 1$ は 7 で割り切れる」のとき，$p(4)$, $p(8)$ と $p(13)$

(2)　条件 $q(x)$：「$x^2 - 2x - 15 < 0$」のとき，$q(3)$, $q(-3)$ と $q(3\sqrt{3})$

(3)　条件 $r(x)$：「$y^2 - 4y + x^2 = 0$ をみたす実数 y がある」のとき，$r(0)$，$r(2)$ と $r(\sqrt{5})$

【仮定と結論】　数学における命題は，たとえば，

$$x > 3\ ならば\ x^2 > 9$$

のように，2 つの条件 $p(x), q(x)$ を用いて，

$$p(x)\ ならば\ q(x) \qquad\qquad \cdots\cdots\ ①$$

のように言い換えられることが多い．このような命題において，$p(x)$ を**仮定**，$q(x)$ を**結論**という．なお，「ならば」の代わりに記号 $\Longrightarrow$ を用いて，命題 ① を

$$p(x) \Longrightarrow q(x)$$

と書くこともある．

例題 11.9

x を実数とするとき，次の命題の仮定と結論を示し，その真偽をいえ．

(1)　$x = 1$ ならば $x^2 = 1$ 　　　(2)　$x^2 = 1 \Longrightarrow x = 1$

解答

(1)　仮定は $x = 1$，結論は $x^2 = 1$. 正しいので真である．

(2)　仮定は $x^2 = 1$，結論は $x = 1$. $x^2 = 1$ でも常に $x = 1$ とは限らない（$x = -1$ の場合もある）ので，偽である．

問 11.9　x を実数とするとき，次の命題の仮定と結論を示し，その真偽をいえ．

(1)　$x^2 = 9$ ならば $x = 3$ 　　　(2)　$2x - 5 > 0$ ならば $x > 6$

(3)　$x^2 < 4$ ならば $x < 2$ 　　　(4)　$x^2 - x - 2 = 0$ の解は $x \geqq -1$ をみたす

126   第 11 章 集合と論理

【反例】 命題 ① における,「ならば」はより丁寧にいうと,「ならばつねに」の意味であるから, 命題 ① が真であるのは,

$$p(x) をみたす x はすべて q(x) をみたす$$

ときである. したがって, $p(x)$ をみたすが $q(x)$ をみたさないような x がある, すなわち,

$$ある a に対して p(a) は成り立つが, q(a) は成り立たない$$

とき, 命題 ① は偽である. このとき, a を ① の**反例**という.

例題 11.10

次の命題のうち, 真であるものは証明し, 偽であるものには反例を挙げよ.

(1) $x > 3$ ならば $x^2 > 9$ (2) $x^2 > 9 \implies x > 3$

解答

(1) 条件 $x > 3$ をみたすすべての実数 x は 条件 $x^2 > 9$ をみたすから, この命題は真である.

(2) $x = -4$ は条件 $x^2 > 9$ をみたすが, 条件 $x > 3$ をみたさないから, この命題は偽であり, $x = -4$ が反例 (の 1 つ) である.

問 11.10 次の命題のうち, 真であるものは証明し, 偽であるものには反例を挙げよ. ただし, a, b は実数とする.

(1) a が有理数ならば, a^2 は有理数である

(2) a が無理数ならば, a^2 は無理数である

(3) $a + b$ と ab がともに整数 $\implies$ a, b は整数

【十分条件・必要条件】 2 つの条件 $p(x), q(x)$ について, 命題

$$p(x) ならば q(x),   すなわち,   p(x) \implies q(x)$$

が常に真であるとき,

$$p(x) は q(x) の十分条件,   あるいは,   q(x) は p(x) の必要条件$$

であるという. これら 2 つの文は主語をかえて同じことを述べている.

十分条件と必要条件

2 つの条件 $p(x), q(x)$ について,

   命題 $p(x) \implies q(x)$ が常に真であるとき,

   $p(x)$ は $q(x)$ の**十分条件**, $q(x)$ は $p(x)$ の**必要条件**

である.

2 つの命題

$$p(x) \ \text{ならば} \ q(x), \quad q(x) \ \text{ならば} \ p(x) \qquad \cdots\cdots ②$$

のいずれもが常に真であるとき，

$p(x)$ は $q(x)$ の **必要十分条件**， あるいは， $q(x)$ は $p(x)$ の **必要十分条件**

であるという．また，② の 2 つの命題，つまり，

$$p(x) \implies q(x), \quad \text{かつ}, \quad q(x) \implies p(x)$$

をまとめて，

$$p(x) \iff q(x) \qquad \cdots\cdots ③$$

と表す．すなわち，$p(x), q(x)$ がたがいに他方の必要十分条件となるのは，③ が成り立つときである．

例題 11.11

必要条件，十分条件，必要十分条件のいずれであるか答えよ．

(1) $x > 3$ は $x^2 > 9$ が成り立つための何条件か．

(2) $x^2 > 9$ は $x > 3$ が成り立つための何条件か．

(3) $x^2 - 4 < 0$ は $-2 < x < 2$ が成り立つための何条件か．

解答

(1) 命題「$x > 3$ ならば $x^2 > 9$」は真であるが，命題「$x^2 > 9$ ならば $x > 3$」は偽であるので，条件 $x > 3$ は条件 $x^2 > 9$ が成り立つための十分条件である（必要条件ではない）．

(2) (1) より，条件 $x^2 > 9$ は条件 $x > 3$ が成り立つための必要条件である（十分条件ではない）．

(3) $x^2 - 4 < 0 \iff -2 < x < 2$ が成り立つから，条件 $x^2 - 4 < 0$ は条件 $-2 < x < 2$ の必要十分条件である．

問 11.11 次の各問において，条件 p は 条件 q が成り立つための

　　(ア) 必要条件　　(イ) 十分条件　　(ウ) 必要十分条件

　　(エ) 必要条件でも十分条件でもない

のいずれであるか答えよ．ただし，a, b は実数とする．

(1) $p : a^2 = b^2$ 　　　　$q : a = b$

(2) $p : a = b = 0$ 　　　$q : a^2 + b^2 = 0$

(3) $p : |a| < 1$ 　　　　$q : a^2 < 1$

(4) $p : a^2 > b^2$ 　　　$q : a > b$

(5) $p : a > 0, \ b > 0$ 　　$q : a + b > 0, \ ab > 0$

(6) $p : a > 1, \ b > 1$ 　$q : a > 0, \ b > 0 \ \text{かつ} \ a + b > 2$

128　第 11 章　集合と論理

【真理集合】　考えている範囲, すなわち, 全体集合を U とし, U の要素 x に関する条件 $p(x)$ が与えられたとき, 集合

$$P = \{x \in U \mid p(x)\} = \{x \mid x \text{ は } p(x) \text{ をみたす } U \text{ の要素}\}$$

を条件 $p(x)$ の**真理集合**という.

例題 11.12

実数全体の集合 $\boldsymbol{R}$ を全体集合とするとき, 次の条件 $p(x)$ の真理集合 P を求めよ.

(1)　$p(x) : (x-2)(3x+1) = 0$　　　(2)　$p(x) : x^2 - 4x - 5 < 0$

(3)　$p(x) : x^2 < 0$

解答

(1)　$(x-2)(3x+1) = 0$ をみたす実数 x 全体であるから, $P = \left\{2, \ -\dfrac{1}{3}\right\}$.

(2)　$(x+1)(x-5) < 0$ をみたす実数 x 全体より, $P = \{x \mid -1 < x < 5\}$.

(3)　$x^2 < 0$ をみたす実数 x はないから, $P = \phi$(空集合).

> **問 11.12**　実数全体の集合 $\boldsymbol{R}$ を全体集合とするとき, 次の条件 $p(x)$ の真理集合 P を求めよ.
>
> (1)　$p(x) : x^2 - 2x - 1 = 0$　　　(2)　$p(x) : x^2 - x - 12 > 0$
>
> (3)　$p(x) : x^2 + 1 > 0$

2 つの条件 $p(x)$, $q(x)$ の真理集合をそれぞれ P, Q とするとき,

命題「$p(x) \Longrightarrow q(x)$ が真である」

は, 2 つの真理集合 P, Q の間に

$$P \subset Q$$

が成り立つことと同じである. したがって, 特に

命題「$p(x) \Longleftrightarrow q(x)$ が真である」

すなわち, $p(x)$ と $q(x)$ がたがいに必要十分条件であることは

$$P \subset Q \ \text{かつ} \ Q \subset P, \quad \text{すなわち,} \quad P = Q$$

が成り立つこと同じである.

　これらを十分条件, 必要条件の言葉を用いてまとめると次のとおりである.

十分条件・必要条件と真理集合

2つの条件 $p(x), q(x)$ の真理集合をそれぞれ P, Q とするとき,

$\left.\begin{array}{l} p(x) \text{ は } q(x) \text{ の十分条件である} \\ q(x) \text{ は } p(x) \text{ の必要条件である} \end{array}\right\}$ ことは $P \subset Q$,

$p(x)$ と $q(x)$ が必要十分条件であることは $P = Q$

と同じである.

--- 例題 11.13 ---

2つの実数 x, y に関して, 次のことが成り立つことを示せ.
$$x^2 + y^2 \leqq 1 \quad \text{ならば} \quad |x| \leqq 1 \text{ かつ } |y| \leqq 1$$

解答 2つの条件

$p : x^2 + y^2 \leqq 1,$

$q : |x| \leqq 1 \text{ かつ } |y| \leqq 1$

の真理集合 P, Q を xy 平面に図示すると, $P \subset Q$ となっているので,

p ならば q

が成り立つ.

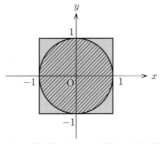

(P は斜線部分. Q は網かけ部分)

問 11.13 2つの実数 x, y について, 次が成り立つことを示せ.

(1) $|x| \leqq 1$ かつ $|y| \leqq 1$ ならば $y \geqq 2x - 3$

(2) $x + y \leqq 2$ かつ $x \geqq 0$ かつ $y \geqq 0$ ならば $x^2 + y^2 \leqq 4$

【「かつ」と「または」の否定】 全体集合を U とし, U の要素 x に関する条件 p, q の真理集合をそれぞれ P, Q とする. このとき,

条件「p かつ q」の真理集合は $P \cap Q$,

条件「p または q」の真理集合は $P \cup Q$

である.

--- 例題 11.14 ---

実数 x に関する条件 p, q を
$$p : (x+3)(x-2) \leqq 0, \quad q : (x+1)(x-5) > 0$$
とするとき, 条件「p かつ q」,「p または q」の真理集合をそれぞれ簡単な形で示せ.

130   第 11 章　集合と論理

解答　条件 p, q の真理集合をそれぞれ P, Q とすると，

$$P = \{x \mid -3 \leqq x \leqq 2\}, \quad Q = \{x \mid x < -1 \text{ または } x > 5\}$$

であるから，「p かつ q」, すなわち，

$$(x+3)(x-2) \leqq 0 \text{ かつ } (x+1)(x-5) > 0$$

の真理集合は次のようになる．

$$P \cap Q = \{x \mid -3 \leqq x < -1\}$$

また，「p または q」, すなわち，

$$(x+3)(x-2) \leqq 0 \text{ または } (x+1)(x-5) > 0$$

の真理集合は次のようになる．

$$P \cup Q = \{x \mid x \leqq 2 \text{ または } x > 5\}$$

> **問 11.14**　実数 x に関する次の条件 p, q について，
> 条件 「p かつ q」,「p または q」の真理集合をそれぞれ簡単な形で示せ．
> (1)　$p : (x+2)(x-3) < 0$,　$q : (x-1)(x-5) \leqq 0$
> (2)　$p : (x-3)(x-7) \leqq 0$,　$q : (x-4)(x-5) > 0$

―――――――――――――

　全体集合を U とし，U の要素 x に関する条件 p の真理集合を P とする．条件 p に対して，「p でない」という条件を p の**否定**といい，$\overline{p}$ で表すことにする．条件 $\overline{p}$ の真理集合は条件 p をみたさない，すなわち，P に含まれない U の要素 x の全体であるから，P の補集合 $\overline{P}$ と一致する．

　したがって，集合に関するド・モルガンの法則

$$\overline{P \cap Q} = \overline{P} \cup \overline{Q}, \quad \overline{P \cup Q} = \overline{P} \cap \overline{Q}$$

から，「かつ」と「または」を含む命題の否定に関して次のことが成り立つ．

「p かつ q」の否定は　「p でない　または　q でない」

「p または q」の否定は　「p でない　かつ　q でない」

否定の記号￣を用いると，これらは次のようにまとめられる．

> **「かつ」と「または」の否定（論理についてのド・モルガンの法則）**
> $$\overline{p \text{ かつ } q} \iff \overline{p} \text{ または } \overline{q}, \quad \overline{p \text{ または } q} \iff \overline{p} \text{ かつ } \overline{q}$$

11.2 論理　　131

例題 11.15

実数 x に関する次の条件の否定を示せ.

(1)　$p : x < 5$　　　　(2)　$q : 2 \leqq x < 5$

解答

(1)　p の否定 $\overline{p}$ は $x \geqq 5$ である.

(2)　q は「$x \geqq 2$ かつ $x < 5$」と同じことであるから, その否定 $\overline{q}$ は

「$x \geqq 2$ でない, または $x < 5$ でない」すなわち　「$x < 2$ または $x \geqq 5$」
である.

問 11.15　実数 x に関する次の条件 p の否定 $\overline{p}$ を示せ.

(1)　$p : -3 < x < 2$　　　　(2)　$p : x \leqq 2$ または $x \geqq 6$

【逆・裏・対偶】　p ならば q, すなわち, $p \Longrightarrow q$ という命題に対して,

$$q \Longrightarrow p \quad \text{を} \quad p \Longrightarrow q \quad \text{の} \quad \textbf{逆}$$

$$\overline{p} \Longrightarrow \overline{q} \quad \text{を} \quad p \Longrightarrow q \quad \text{の} \quad \textbf{裏}$$

$$\overline{q} \Longrightarrow \overline{p} \quad \text{を} \quad p \Longrightarrow q \quad \text{の} \quad \textbf{対偶}$$

という. たとえば, 命題「$x = 2 \Longrightarrow x^2 = 4$」, すなわち,「$x = 2$ ならば $x^2 = 4$」
の逆, 裏, 対偶はそれぞれ,

逆　「$x^2 = 4 \implies x = 2$」　すなわち　「$x^2 = 4$　ならば　$x = 2$」

裏　「$x \neq 2 \implies x^2 \neq 4$」　すなわち　「$x \neq 2$　ならば　$x^2 \neq 4$」

対偶　「$x^2 \neq 4 \implies x \neq 2$」　すなわち　「$x^2 \neq 4$　ならば　$x \neq 2$」

となる. これらの真偽について考えてみると, もとの命題と対偶は真であり, 逆
と裏は偽 (反例は $x = -2$) である.

例題 11.16

命題「$x^2 > 1$ ならば $x > 1$」の真偽を述べよ. また, その逆, 裏, 対偶を
つくり, それらの真偽を述べよ.

解答　もとの命題は偽である (反例は $x = -2$).

逆は「$x > 1$ ならば $x^2 > 1$」であり, 真である.

裏は「$x^2 \leqq 1$ ならば $x \leqq 1$」である. $x^2 \leqq 1$ ならば $-1 \leqq x \leqq 1$ であり,
$x \leqq 1$ をみたすので, 裏は真である.

対偶は「$x \leqq 1$ ならば $x^2 \leqq 1$」である. $x = -2$ は $x \leqq 1$ をみたすが, $x^2 \leqq 1$
をみたさないので, 対偶は偽である.

問 11.16 命題「$x^2 > 2x$ ならば $x > 2$」の真偽を述べよ．また，その逆，裏，対偶をつくり，それらの真偽を述べよ．

上に示した例，例題 11.16 の命題では，もとの命題と対偶の真偽が一致したが，一般の命題においてその真偽と対偶の真偽の関係について考えてみよう．

全体集合を U とし，条件 p, q の真理集合をそれぞれ P, Q とするとき，ベン図から $P \subset Q$ であることと $\overline{Q} \subset \overline{P}$ であることとは同じであることがわかる．

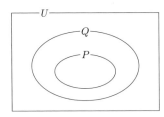 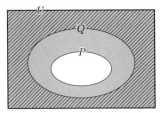

($\overline{P}$ は網かけ部分．$\overline{Q}$ は斜線部分)

したがって，命題「$p \Longrightarrow q$」が真であることと命題「$\overline{q} \Longrightarrow \overline{p}$」が真であることは同じであるから，次のことがいえる．

> **命題とその対偶の真偽**
>
> 命題の真偽は，その対偶の真偽と一致する．

しかし，命題の真偽と，その逆や裏の真偽が一致するとは限らない．

命題の真偽がその対偶の真偽と一致することから，ある命題が真であることを証明する代わりに，その対偶が真であることを証明してもよいことがわかる．

例題 11.17

整数 n について，次の命題が真であることを示せ．

「n^2 が 3 の倍数ならば，n は 3 の倍数である」

解答 この命題の対偶

「n が 3 の倍数でないならば，n^2 は 3 の倍数でない」

が真であることを示す．

n が 3 の倍数でないとき，$n = 3m+1$，または $n = 3m+2$（m は整数）と表され，n^2 はそれぞれ

$$n^2 = (3m+1)^2 = 3(3m^2+2m)+1$$
$$n^2 = (3m+2)^2 = 3(3m^2+4m+1)+1$$

となるから，いずれの場合も n^2 は 3 の倍数ではない．したがって，対偶は真であり，もとの命題も真である．

> **問 11.17** a, b, c が正の整数のとき，$a^2 + b^2 = c^2$ ならば，a, b, c のうち少なくとも 1 つは偶数であることを示せ．

【背理法】 ある命題を証明するとき，

> その命題が成り立たないと仮定すると矛盾が生ずる

ことを示すことによって，その命題が成り立つことを示す方法がある．このような証明法を**背理法**という．

　背理法は，結論を否定すると仮定と矛盾するという形で適用されることが多い．

例題 11.18

$\sqrt{3}$ が無理数であることを証明せよ．

解答 $\sqrt{3}$ が無理数でない，すなわち，有理数であると仮定すると，互いに素である，つまり，1 以外の公約数を持たない 2 つの自然数 p, q を用いて，

$$\sqrt{3} = \frac{p}{q}$$

と表される．この式の両辺を平方して，分母を払うと，

$$p^2 = 3q^2 \qquad\qquad \cdots\cdots \ (*)$$

となるので，p^2 は 3 の倍数である．このとき，例題 11.17 より，p も 3 の倍数であるから，自然数 m を用いて，$p = 3m$ と表される．$(*)$ に代入すると，

$$(3m)^2 = 3q^2 \qquad すなわち，\qquad q^2 = 3m^2$$

となるので，q^2 は 3 の倍数であり，例題 11.17 より，q も 3 の倍数である．

　したがって，p, q がともに 3 の倍数であるから，p, q が互いに素であることと矛盾する．これより，$\sqrt{3}$ は有理数ではなくて，無理数である．

> **問 11.18** a, b が有理数のとき，
>
> $$a + b\sqrt{3} = 0 \quad ならば \quad a = b = 0$$
>
> を証明せよ．

演習問題解答

第1章 式の計算

問 1.1

(1) $x^2 - 9$ (2) $4a^2 - 1$

(3) $x^2 + 3x + 2$ (4) $x^2 + x - 20$

(5) $3s^2 - 13s - 10$ (6) $8x^2 - 2x - 3$

(7) $x^2 + 6ax + 9a^2$ (8) $9x^2 + 12x + 4$

(9) $4x^2 - 4x + 1$

(10) $25x^2 - 40x + 16$ (11) $\dfrac{1}{4}p^2 - 5p + 25$

(12) $x^3 + 6x^2y + 12xy^2 + 8y^3$

(13) $8z^3 + 12z^2 + 6z + 1$

(14) $27x^3 - 27x^2 + 9x - 1$

(15) $8x^3 - 36x^2 + 54x - 27$

(16) $a^3 + b^3 + c^3 + 3a^2b + 3ab^2 + 3a^2c + 3ac^2$
$\qquad + 3b^2c + 3bc^2 + 6abc$

問 1.2a

(1) 商 $-x^2 - 1$，余り 1

(2) 商 $2x - 4$，余り $3x + 7$

(3) 商 $2x^2 + 5x + 6$，余り $15x + 20$

(4) 商 $4x^3 - 2x^2 + x - \dfrac{1}{2}$，余り $-\dfrac{1}{2}$

問 1.2b

(1) $x^3 - x^2 + x = (-x+1)(-x^2-1) + 1$

(2) $4x^3 - 6x^2 + x + 3$
$\qquad = (2x^2 + x + 1)(2x - 4) + 3x + 7$

(3) $2x^4 + 3x^3 - 5x^2 - 6x + 2$
$\qquad = (x^2 - x - 3)(2x^2 + 5x + 6) + 15x + 20$

(4) $8x^4 - 1$
$\qquad = (2x+1)\left(4x^3 - 2x^2 + x - \dfrac{1}{2}\right) - \dfrac{1}{2}$

問 1.3

(1) $(x+3)(x-3)$ (2) $(x+2y)(x-2y)$

(3) $(7x+1)(7x-1)$ (4) $(5x+6)(5x-6)$

(5) $(x+1)(x+4)$ (6) $(x+2)(x-3)$

(7) $(x+2)^2$ (8) $(x-3)^2$

(9) $(x-1)(x^2+x+1)$

(10) $(x-3y)(x^2+3xy+9y^2)$

(11) $(x+1)(x^2-x+1)$

(12) $(x+2y)(x^2-2xy+4y^2)$

(13) $(x+y)(x-y)(x^2+y^2)$

(14) $(x+2)(x-2)(x+3)(x-3)$

(15) $(x+1)(x-1)(x^2+5)$

問 1.4

(1) $(2x+3)(x+1)$ (2) $(2x+1)(x-1)$

(3) $(5x+1)(x+2)$ (4) $(3x-1)(x+4)$

(5) $(3x+2)(x-2)$ (6) $(2x-5)(3x+4)$

問 1.5

(1) $(x-1)(x-2)(x+3)$

(2) $(x-1)^2(x+3)$

(3) $(x+1)(x-2)(x-4)$

(4) $(2x-1)(x+1)^2$

(5) $(x-1)(2x^2-x+1)$

(6) $(x+1)^2(x-2)(x+2)$

問 1.6

(1) $x-1$ (2) $\dfrac{x+1}{x+2}$ (3) $\dfrac{x-4}{x-1}$

問 1.7

(1) $\dfrac{2x}{(x-2)(x+2)}$ (2) $\dfrac{1}{(x-5)(x-4)}$

(3) $\dfrac{1}{x-1}$ (4) $\dfrac{1}{(x-1)^2}$

(5) $\dfrac{2}{x(x-1)(x+1)}$ (6) $\dfrac{x+3}{x(x-1)}$

(7) $\dfrac{3x+4}{x+1}$ (8) $\dfrac{x^2+x-1}{x}$

(9) $\dfrac{1}{x-3}$ (10) $\dfrac{2}{x(x-1)}$

(11) $\dfrac{x^2+1}{x^2}$ (12) $\dfrac{x-1}{x^2(x+1)}$

問 1.8

(1) $\dfrac{1}{4}$ (2) $x+1$ (3) $\dfrac{1}{2}$

(4) $\dfrac{1}{x}$ (5) $4x$ (6) $x-1$

(7) $-\dfrac{1}{x-1}$ (8) $-\dfrac{1}{3x}$ (9) $-\dfrac{1}{x+1}$

(10) $\dfrac{1}{x}$

問 1.9

(1) $A = 3, B = -3$ (2) $A = 3, B = -2$

(3) $A = -2, B = 3, C = -1$

問 1.10

(1) $A = 2, B = -3, C = 5$

(2) $A = 2, B = -1, C = 1$

(3) $A = 1, B = 2, C = -1, D = 1$

(4) $A = 4, B = -4, C = 1$

問 1.11

(1) $A = 1, B = -1, C = -2$

(2) $A = 2, B = 5, C = -7, D = 4$

(3) $A = 5, B = -2, C = 2, D = -3$

第 2 章　2 次関数とその応用

問 2.1

はじめに頂点の座標を示す.

(1) 頂点 $\left(0, \dfrac{3}{2}\right)$ (2) 頂点 $(-1, -3)$

(3) 頂点 $(-1, -2)$ (4) 頂点 $\left(\dfrac{1}{2}, \dfrac{3}{4}\right)$

(5) 頂点 $\left(-\dfrac{3}{2}, -\dfrac{1}{4}\right)$ (6) 頂点 $(1, -7)$

(7) 頂点 $(-3, 5)$ (8) 頂点 $(2, 2)$

グラフは次のとおり.

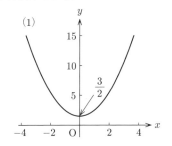

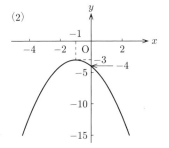

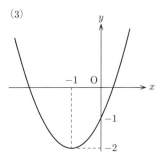

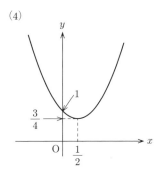

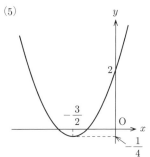

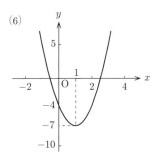

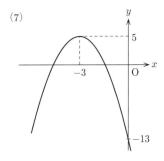

(8)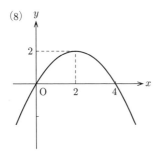

問 2.2

(1) $x = -10, 2$ (2) $x = -\dfrac{1}{2}, 3$

(3) $x = \dfrac{3}{2}, -\dfrac{2}{3}$

問 2.3a

(1) $x = 1, 2$ (2) $x = \dfrac{-3 \pm \sqrt{17}}{4}$

問 2.3b

(1) $x = 1, 2$ (2) $x = \dfrac{-1 \pm \sqrt{3}}{2}$

(3) $x = \dfrac{5 \pm \sqrt{13}}{6}$ (4) $x = \dfrac{1}{2}$

問 2.4

(1) $x < -3, x > 2$ (2) $1 < x < 4$

(3) $1 - \sqrt{2} \leqq x \leqq 1 + \sqrt{2}$ (4) $x = 2$

(5) 解なし． (6) x はすべての実数．

第 3 章　三角関数

問 3.1

(1) $\dfrac{\pi}{4}$ (2) $\dfrac{7\pi}{6}$ (3) $\dfrac{4\pi}{3}$

(4) $30°$ (5) $270°$ (6) $300°$

問 3.2

(1) $\dfrac{5\pi}{2}$ (2) $-\pi$ (3) $-\dfrac{4\pi}{3}$

(4) $-30°$ (5) $-45°$ (6) $600°$

問 3.3

(1) $\cos \pi = -1, \sin \pi = 0, \tan \pi = 0.$

(2) $\cos \dfrac{4\pi}{3} = -\dfrac{1}{2}, \sin \dfrac{4\pi}{3} = -\dfrac{\sqrt{3}}{2},$
$\tan \dfrac{4\pi}{3} = \sqrt{3}.$

(3) $\cos\left(-\dfrac{5\pi}{6}\right) = -\dfrac{\sqrt{3}}{2},$
$\sin\left(-\dfrac{5\pi}{6}\right) = -\dfrac{1}{2},$
$\tan\left(-\dfrac{5\pi}{6}\right) = \dfrac{1}{\sqrt{3}}.$

(4) $\cos \dfrac{7\pi}{4} = \dfrac{1}{\sqrt{2}}, \sin \dfrac{7\pi}{4} = -\dfrac{1}{\sqrt{2}},$
$\tan \dfrac{7\pi}{4} = -1.$

(5) $\cos\left(-\dfrac{5\pi}{3}\right) = \dfrac{1}{2},$
$\sin\left(-\dfrac{5\pi}{3}\right) = \dfrac{\sqrt{3}}{2},$
$\tan\left(-\dfrac{5\pi}{3}\right) = \sqrt{3}.$

(6) $\cos\left(-\dfrac{3\pi}{2}\right) = 0, \sin\left(-\dfrac{3\pi}{2}\right) = 1,$
$\tan\left(-\dfrac{3\pi}{2}\right)$ の値は存在しない．

問 3.4

(1) $\sin \theta = \dfrac{\sqrt{6}}{3}, \tan \theta = -\sqrt{2}$

(2) $\cos \theta = \dfrac{2\sqrt{5}}{5}, \tan \theta = -\dfrac{1}{2}$

問 3.5

(1) $\sin \theta = -\dfrac{2\sqrt{5}}{5}, \cos \theta = -\dfrac{\sqrt{5}}{5}$

(2) $\sin \theta = -\dfrac{\sqrt{10}}{10}, \cos \theta = \dfrac{3\sqrt{10}}{10}$

問 3.6

省略

問 3.7

省略

問 3.8

(1)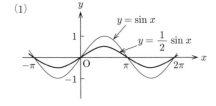

(2)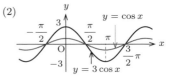

(3)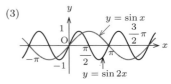

演習問題解答　　137

(4)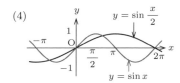

(5)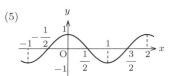

(6)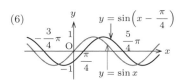

(7)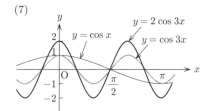

(8)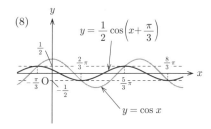

問 3.9

(1) $\dfrac{\sqrt{6}-\sqrt{2}}{4}$　　(2) $\dfrac{\sqrt{6}-\sqrt{2}}{4}$

(3) $-2-\sqrt{3}$

問 3.10

(1) $\dfrac{\sqrt{6}+\sqrt{2}}{4}$　　(2) $\dfrac{\sqrt{6}-\sqrt{2}}{4}$

(3) $\sqrt{3}-2$

問 3.11

(1) $\cos 2\theta = \dfrac{1}{9}$, $\sin 2\theta = -\dfrac{4\sqrt{5}}{9}$

(2) $\cos 2\theta = -\dfrac{1}{8}$, $\sin 2\theta = \dfrac{3\sqrt{7}}{8}$

(3) $\cos \theta = -\dfrac{3}{5}$, $\sin \theta = \dfrac{4}{5}$

問 3.12

(1) $\cos\dfrac{\theta}{2}=\dfrac{\sqrt{6}}{4}$, $\sin\dfrac{\theta}{2}=\dfrac{\sqrt{10}}{4}$

(2) $\cos\theta=-\dfrac{\sqrt{30}}{10}$, $\sin\theta=\dfrac{\sqrt{70}}{10}$

(3) $\cos\dfrac{\theta}{2}=\dfrac{\sqrt{18-3\sqrt{6}}}{6}$,

$\sin\dfrac{\theta}{2}=\dfrac{\sqrt{18+3\sqrt{6}}}{6}$

問 3.13

(1) $\sin x + \cos x = \sqrt{2}\sin\left(x+\dfrac{\pi}{4}\right)$

(2) $3\sin x - \sqrt{3}\cos x = 2\sqrt{3}\sin\left(x-\dfrac{\pi}{6}\right)$

(3) $f(x)=\sqrt{2}\sin\left(x-\dfrac{\pi}{4}\right)$ から，

$f(x)$ は $x=\dfrac{3\pi}{4}$ のとき，最大値 $\sqrt{2}$，

$x=\dfrac{7\pi}{4}$ のとき，最小値 $-\sqrt{2}$ をとる．

第 4 章　指数・対数関数

問 4.1a

(1) $-\dfrac{1}{9}$　　(2) $\dfrac{1}{9}$　　(3) 9

(4) -18　　(5) 36　　(6) 1　　(7) 125

(8) 27　　(9) 8　　(10) a^3

(11) $-a^6$　　(12) $\dfrac{1}{2}b^2$　　(13) 18

(14) 2000　　(15) $2a$

問 4.1b

12m は 4m の 3 倍深いから $\left(\dfrac{1}{2}\right)^3=\dfrac{1}{8}$.

つまり 8 分の 1 の明るさになる．

問 4.2

(1) 3　　(2) 4　　(3) 2　　(4) 2

(5) 10　　(6) $\dfrac{1}{5}$　　(7) $\dfrac{1}{2}$　　(8) 2

(9) 16　　(10) 27　　(11) 8　　(12) $\dfrac{1}{25}$

(13) $\dfrac{1}{6}$　　(14) $\dfrac{1}{1000}$　　(15) 9　　(16) 5

問 4.3

(1) 2　　(2) 4　　(3) 27

(4) 64　　(5) 9　　(6) $\dfrac{1}{4}$

(7) $\dfrac{1}{3}$　　(8) a^2　　(9) 16

(10) x^2　　(11) 36　　(12) 3

(13) $4a^{\frac{1}{6}}$ (14) 2 (15) ab

問 4.4
以下の図では，グラフの大きさをどれもほぼ同じサイズにそろえるために，x 軸と y の目盛りの幅を同じにしていない事に注意しよう．

(1)
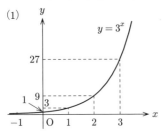

(2)
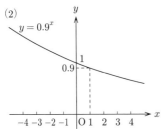

(3)
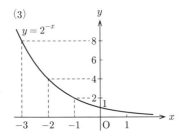

(4)
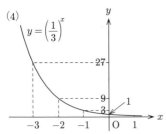

(5)
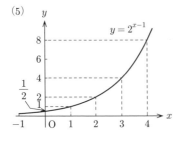

(6)
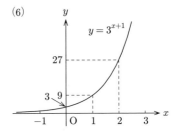

問 4.5
(1) 0 (2) 3 (3) -3 (4) 10
(5) -5 (6) $\dfrac{1}{2}$ (7) 5 (8) 25

問 4.6
(1) $\log_2 8 = 3$ (2) $\log_3 \dfrac{1}{9} = -2$
(3) $\log_{100} 10 = \dfrac{1}{2}$ (4) $\log_{\frac{1}{2}} 4 = -2$
(5) $2^4 = 16$ (6) $9^{\frac{1}{2}} = 3$
(7) $10^{-3} = 0.001$ (8) $\left(\dfrac{1}{2}\right)^{-3} = 8$

問 4.7
(1) 1 (2) 2 (3) 2 (4) -2
(5) 0 (6) 2 (7) 3 (8) 0
(9) $\dfrac{1}{2}$ (10) 1

問 4.8
(1) 0.602 (2) 0.778 (3) -0.903
(4) 1.176 (5) -2.097 (6) 0.097

問 4.9
(1) $\dfrac{1}{2}$ (2) $\dfrac{4}{3}$ (3) $\dfrac{7}{4}$ (4) 0
(5) 2 (6) 1

問 4.10
(1) $x = -1$ (2) $x = -2$
(3) $x = -2$ (4) $x = 2\log_2 3$
(5) $x = 10$ (6) $x = 1$ (7) $x = \dfrac{9}{4}$
(8) $x = 2^{\frac{4}{3}} - 2$

問 4.11

(1)
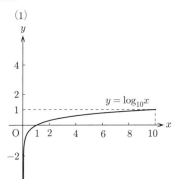

(2)
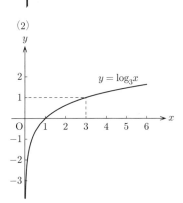

(3)
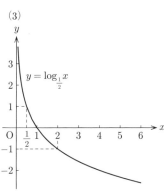

(4)
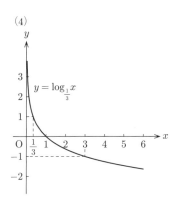

(5)
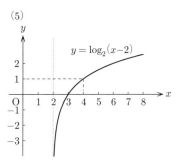

(6)
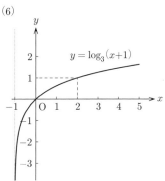

第 5 章　微分

問 5.1

(1)　$(x^3)' = 3x^2$　　(2)　$(x^{-4})' = -4x^{-5}$

(3)　$(x^{\frac{1}{3}})' = \dfrac{1}{3}x^{-\frac{2}{3}}$

(4)　$(x^{-\frac{3}{4}})' = -\dfrac{3}{4}x^{-\frac{7}{4}}$

(5)　$(\sqrt{x})' = \dfrac{1}{2}x^{-\frac{1}{2}}$

(6)　$(\sqrt[5]{x^3})' = \dfrac{3}{5}x^{-\frac{2}{5}}$

(7)　$\left(\dfrac{1}{x}\right)' = -\dfrac{1}{x^2}$

(8)　$\left(\dfrac{1}{\sqrt{x}}\right)' = -\dfrac{1}{2}x^{-\frac{3}{2}}$

(9)　$(5)' = 0$　　(10)　$(\pi)' = 0$

問 5.2

(1)　$y' = -2$　　(2)　$y' = 10x - 5$

(3)　$y' = 6x^2 - 2x + 3$

(4)　$y' = 5x^4 - 4x^3 + 3x^2 - 2x$

(5)　$y' = 8x + 4$　　(6)　$y' = 3x^2 - 12x + 12$

(7)　$y' = 1 - x^{-2}$　　(8)　$y' = -x^{-2} + 4x^{-3}$

(9)　$y' = \dfrac{1}{4}x^{-\frac{3}{4}} - 2x^{-2}$

(10)　$y' = -x^{-\frac{3}{2}} + 6x^{-3}$

(11) $y' = -\dfrac{2}{3}x^{-\frac{5}{3}} + 4x^{\frac{1}{3}}$

(12) $y' = -\dfrac{1}{2}x^{-\frac{3}{2}} - x^{-\frac{1}{2}}$

(13) $y' = -\dfrac{1}{4}x^{-\frac{7}{4}} - \dfrac{4}{3}x^{-3}$

(14) $y' = \dfrac{6}{5}x^{\frac{1}{5}} + \dfrac{2}{5}x^{-\frac{7}{5}} - \dfrac{1}{2}x^{-3}$

問 5.3

(1) $y = -3(x-(-1)) + 2$ より $y = -3x - 1$

(2) $y = 5(x-2) + 3$ より $y = 5x - 7$

(3) $y = 12(x-(-2)) + (-8)$ より $y = 12x + 16$

問 5.4

はじめに増減表を求める．グラフは最後にまとめて描いた．

(1) $y' = 6x^2 - 6x - 12 = 6(x+1)(x-2)$ より，$y' = 0$ となるのは $x = -1, 2$ のとき．

x	$\cdots$	-1	$\cdots$	2	$\cdots$
y'	$+$	0	$-$	0	$+$
y	↗	8	↘	-19	↗

(2) $y' = 6x^2 + 12x = 6x(x+2)$ より，$y' = 0$ となるのは $x = -2, 0$ のとき．

x	$\cdots$	-2	$\cdots$	0	$\cdots$
y'	$+$	0	$-$	0	$+$
y	↗	5	↘	-3	↗

(3) $y' = -3x^2 + 6x = -3x(x-2)$ より，$y' = 0$ となるのは $x = 0, 2$ のとき．

x	$\cdots$	0	$\cdots$	2	$\cdots$
y'	$-$	0	$+$	0	$-$
y	↘	0	↗	4	↘

(4) $y' = 3x^2 - 6x + 3 = 3(x-1)^2$ より，$y' = 0$ となるのは $x = 1$ のとき．

x	$\cdots$	1	$\cdots$
y'	$+$	0	$+$
y	↗	1	↗

(5) $y' = -3x^2 + 12x - 12 = -3(x-2)^2$ より，$y' = 0$ となるのは $x = 2$ のとき．

x	$\cdots$	2	$\cdots$
y'	$-$	0	$-$
y	↘	-1	↘

(1) $y = 2x^3 - 3x^2 - 12x + 1$

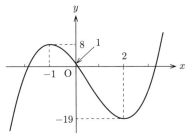

(2) $y = 2x^3 + 6x^2 - 3$

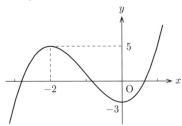

(3) $y = -x^3 + 3x^2$

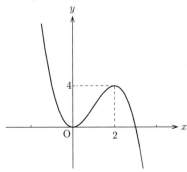

(4) $y = x^3 - 3x^2 + 3x$

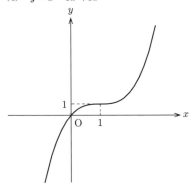

(5) $y = -x^3 + 6x^2 - 12x + 7$

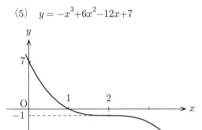

問 5.5

はじめに増減表を求める．グラフは最後にまとめて描いた．

(1) $y' = 4x^3 - 4x = 4x(x+1)(x-1)$ より，$y' = 0$ は $x = 0, \pm 1$ のとき．

x	$\cdots$	-1	$\cdots$	0	$\cdots$	1	$\cdots$
y'	$-$	0	$+$	0	$-$	0	$+$
y	$\searrow$	0	$\nearrow$	1	$\searrow$	0	$\nearrow$

(2) $y' = -x^3 + 4x = -x(x+2)(x-2)$ より，$y' = 0$ は $x = 0, \pm 2$ のとき．

x	$\cdots$	-2	$\cdots$	0	$\cdots$	2	$\cdots$
y'	$+$	0	$-$	0	$+$	0	$-$
y	$\nearrow$	5	$\searrow$	1	$\nearrow$	5	$\searrow$

(3) $y' = 12x^3 - 12x^2 = 12x^2(x-1)$ より，$y' = 0$ は $x = 0, 1$ のとき．

x	$\cdots$	0	$\cdots$	1	$\cdots$
y'	$-$	0	$-$	0	$+$
y	$\searrow$	-1	$\searrow$	-2	$\nearrow$

(4) $y' = -12x^3 - 12x^2 = -12x^2(x+1)$ より，$y' = 0$ は $x = -1, 0$ のとき．

x	$\cdots$	-1	$\cdots$	0	$\cdots$
y'	$+$	0	$-$	0	$-$
y	$\nearrow$	6	$\searrow$	5	$\searrow$

(1) $y = x^4 - 2x^2 + 1$

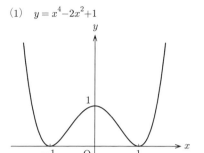

(2) $y = -\dfrac{1}{4}x^4 + 2x^2 + 1$

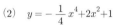
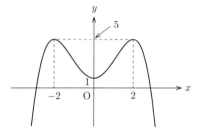

(3) $y = 3x^4 - 4x^3 - 1$

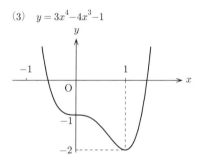

(4) $y = -3x^4 - 4x^3 + 5$

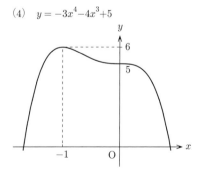

問 5.6

(1), (2) の関数のグラフは下のとおり．

142　演習問題解答

(1)
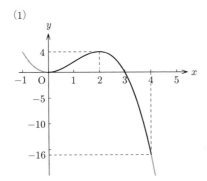

(2)
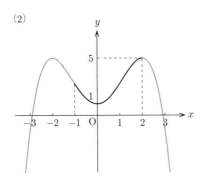

(1) $x=2$ のとき 最大値 4,
　　$x=4$ のとき 最小値 -16.

(2) $x=2$ のとき 最大値 5,
　　$x=0$ のとき 最小値 1.

問 5.7
(2), (3) は公式 (5.7) を使って微分した後, 三角関数の性質 (その 2) を使う.

(1) $5\cos 5x$　(2) $-4\sin 4x$
(3) $-\dfrac{3}{\cos^2 3x}$　(4) $\dfrac{2}{3}\cos\dfrac{2x}{3}$
(5) $-\dfrac{2}{5}\sin\dfrac{2x}{5}$　(6) $\dfrac{5}{4\cos^2\dfrac{5x}{4}}$

問 5.8
(6), (7) は公式 (5.4) を使って微分した後, 三角関数の性質 (その 2) を使って整理する. (8), (9) は半角公式を使って変形した後, 公式 (5.7) を使って微分する.

(1) $5\cos x + 4\sin x$　(2) $\dfrac{1}{6}\cos\dfrac{x}{2} + 2\sin 4x$
(3) $-\dfrac{1}{2}\sin\dfrac{x}{4} + \dfrac{8}{\cos^2 2x}$
(4) $-\dfrac{1}{2}\cos\dfrac{x}{2} - 6\sin 2x$
(5) $-4\sin\dfrac{4x}{3} + \dfrac{5}{6\cos^2\dfrac{5x}{6}}$　(6) $-3\sin 3x$

(7) $\dfrac{20}{\cos^2 5x}$　(8) $-\sin 2x$　(9) $2\sin 4x$

問 5.9
(6), (7), (8) は対数法則を使って変形してから微分する.

(1) $5e^{5x}$　(2) $-\dfrac{1}{2}e^{-\frac{x}{2}}$　(3) $7e^{7x}$
(4) $-2e^{-2x}$　(5) $\dfrac{1}{3}e^{\frac{x}{3}}$　(6) $\dfrac{1}{x}$
(7) $\dfrac{1}{2x}$　(8) $\dfrac{1}{x}+1$

問 5.10a
(1) $(2x^3+3x^2)e^{2x}$
(2) $(-x^2-x+3)e^{-x}$
(3) $-x\sin x + \cos x$
(4) $e^x(\cos 2x - 2\sin 2x)$
(5) $e^{\frac{2}{3}x}\left(\dfrac{2}{3}\sin 3x + 3\cos 3x\right)$
(6) $2\cos 2x\cos 3x - 3\sin 2x\sin 3x$
(7) $(2x+3)\log x + x + 3$
(8) $\dfrac{2+\log x}{2\sqrt{x}}$
(9) $e^{2x}\left(2\log x + \dfrac{1}{x}\right)$

問 5.10b
(1) $\dfrac{7}{(2x+1)^2}$　(2) $-\dfrac{2(x^2+x-1)}{(x^2+1)^2}$
(3) $\dfrac{\sqrt{x}+2}{(\sqrt{x}+1)^2}$　(4) $\dfrac{1+e^x-xe^x}{(e^x+1)^2}$
(5) $\dfrac{e^{5x}+9e^{3x}}{(e^{2x}+3)^2}$　(6) $\dfrac{x\cos x - \sin x}{x^2}$
(7) $-\dfrac{2}{\sin^2 2x}$　(8) $\dfrac{1-\log x}{x^2}$
(9) $\dfrac{\log x - 2}{2\sqrt{x}(\log x)^2}$

問 5.11
(1) $16(2x+3)^7$　(2) $-\dfrac{4}{(2x-1)^3}$
(3) $(3x+1)^{-\frac{2}{3}}$　(4) $\dfrac{2x}{\sqrt{2x^2+1}}$
(5) $-2\sin(2x+3)$　(6) $2x\cos(x^2+1)$
(7) $\dfrac{1}{2\sqrt{x}\cos^2\sqrt{x}}$　(8) $3x^2 e^{x^3}$
(9) $\cos x \cdot e^{\sin x}$　(10) $\dfrac{2}{2x+3}$
(11) $-2\cos x \sin x$　(12) $4\sin 2x\cos 2x$

演習問題解答　　*143*

第6章　積分

問 6.1

(1) $\dfrac{1}{3}x^3 + C$　　(2) $\dfrac{1}{4}x^4 + C$

(3) $\dfrac{3}{4}x^{\frac{4}{3}} + C$　　(4) $4x^{\frac{1}{4}} + C$

(5) $\dfrac{2}{3}x^{\frac{3}{2}} + C$　　(6) $\dfrac{5}{7}x^{\frac{7}{5}} + C$

(7) $-\dfrac{1}{x} + C$　　(8) $2x^{\frac{1}{2}} + C$

(9) $5x + C$　　(10) $x + C$

(11) $\dfrac{1}{3}x + C$　　(12) $\dfrac{\pi}{6}x + C$

問 6.2

(1) $x^2 - 3x + C$　　(2) $-6x^{-\frac{1}{2}} + C$

(3) $x^2 + \dfrac{1}{2}x + C$　　(4) $\dfrac{1}{3}x^3 + x^2 + 3x + C$

(5) $-\dfrac{2}{3}x^3 + \dfrac{5}{2}x^2 + x + C$

(6) $\dfrac{1}{9}x^3 + \dfrac{1}{2}x + \dfrac{1}{2}x^{-2} + C$

(7) $\dfrac{5}{4}x^4 + \dfrac{1}{3}x^3 - \dfrac{3}{2}x^2 + C$

(8) $-x^{-2} - x^{-1} + C$

(9) $-\dfrac{3}{2}x^{-2} + 2x^{-1} + C$

(10) $3x^2 - x^{\frac{1}{2}} + C$

(11) $\dfrac{1}{3}x^{\frac{3}{2}} + \dfrac{2}{5}x^{\frac{5}{2}} + C$

(12) $2x + \dfrac{2}{3}x^{\frac{3}{2}} + 2x^{\frac{1}{2}} + C$

(13) $-2x^{-\frac{1}{2}} + 2x^{-1} + C$

(14) $\dfrac{3}{10}x^{\frac{10}{3}} - \dfrac{18}{7}x^{\frac{7}{3}} + 9x^{\frac{4}{3}} - 24x^{\frac{1}{3}} + C$

問 6.3

(1) $\dfrac{1}{5}\sin 5x + C$　　(2) $-\dfrac{1}{3}\cos 3x + C$

(3) $\dfrac{5}{4}\sin\dfrac{4x}{5} + C$　　(4) $-\dfrac{2}{7}\cos\dfrac{7x}{2} + C$

(5) $-\dfrac{2}{3}\cos 3x - 8\sin\dfrac{x}{2} + C$

(6) $-\dfrac{2}{3}\cos\dfrac{3x}{8} + \dfrac{1}{5}\sin 2x + C$

(7) $\dfrac{1}{2}x - \dfrac{1}{4}\sin 2x + C$

(8) $\dfrac{1}{2}x + \dfrac{1}{12}\sin 6x + C$

問 6.4

(1) $\dfrac{1}{5}e^{5x} + C$　　(2) $-\dfrac{1}{6}e^{-6x} + C$

(3) $\dfrac{7}{4}e^{\frac{4}{7}x} + C$　　(4) $\dfrac{2}{5}e^{\frac{5}{2}x} + C$

(5) $\dfrac{1}{4}e^{4x} - \dfrac{4}{5}e^{\frac{5}{2}x} + e^x + C$

(6) $\dfrac{3}{4}\log|x| + C$

(7) $2x + 5\log|x| + \dfrac{3}{x} + C$

(8) $x^2 - 2x + \dfrac{1}{2}\log|x| + C$

問 6.5

(1) 0　　(2) $\dfrac{7}{6}$　　(3) $\dfrac{3}{8}$　　(4) 12

(5) 2　　(6) $\dfrac{38}{3}$　　(7) $\dfrac{5}{7}$

(8) $\dfrac{32\sqrt{2} - 4}{7}$　　(9) $\dfrac{8}{225}$　　(10) $\dfrac{1}{6}$

(11) 2　　(12) $4\sqrt{3} - 4$

問 6.6

(1) $\dfrac{4}{3}$　　(2) -6　　(3) -4

(4) $\dfrac{14}{3}$　　(5) $-\dfrac{34}{3}$　　(6) 56

(7) $-\dfrac{9}{2}$　　(8) $-\dfrac{3}{4}$　　(9) $\dfrac{7}{8}$

(10) $\dfrac{3}{2}$　　(11) 12

(12) 10

問 6.7

(1) $\dfrac{1}{4}$　　(2) $\dfrac{3}{16}$

(3) $\dfrac{3}{4}\left(\sqrt{2} + 1\right)$　　(4) $\dfrac{1}{\pi}$

(5) $\dfrac{\pi}{24} + \dfrac{1}{4}\left(1 - \dfrac{\sqrt{3}}{2}\right)$

(6) $\pi - \dfrac{3\sqrt{3}}{4}$

問 6.8

(1) $\dfrac{1}{4}(e^8 - 1)$　　(2) $\dfrac{1}{2}(e^{-2} - e^{-6})$

(3) $\dfrac{2}{3}(e^3 - 1)$　　(4) 3

(5) $-\dfrac{1}{3}(e^{-3} - e^3)$　　(6) $-\log 5$

(7) $\log 2 - \dfrac{1}{8}$　　(8) $\dfrac{91}{3} + \log 4$

問 6.9

各領域の面積の値は下のとおり．次ページの図を参照のこと．

(1) $\dfrac{11}{6}$　　(2) $\dfrac{32}{3}$

(1)
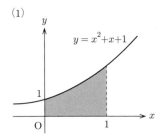

(2)
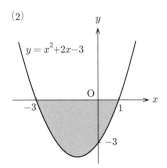

問 6.10

各領域の面積の値は下のとおり．図を参照の事．

(1) $\dfrac{45}{2}$ (2) $\dfrac{8}{3}$ (3) 9

(4) $\dfrac{1}{4}$ (5) $\dfrac{4}{3}$ (6) $\dfrac{9}{2}$

(7) $\dfrac{1}{3}$ (8) $\dfrac{1}{2}$ (9) $\dfrac{11}{4}$

(10) $\dfrac{27}{4}$

(1)
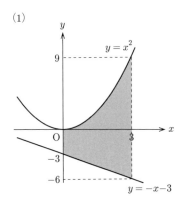

(2)
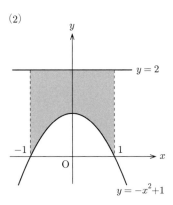

(3)
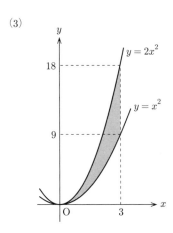

(4)
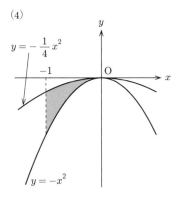

演習問題解答 145

(5)
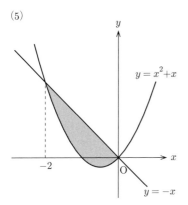

(6)
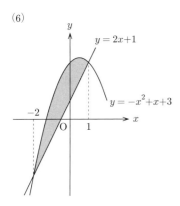

(7)
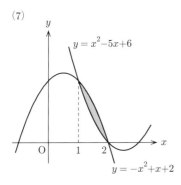

(8)
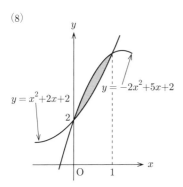

(9)
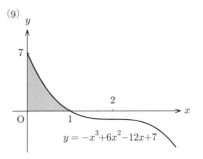

(10)
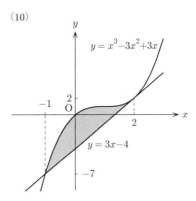

問 6.11

(1) $-xe^{-x} - e^{-x} + C$

(2) $-xe^{-2x} + e^{-2x} + C$

(3) $2xe^{\frac{1}{2}x} - 4e^{\frac{1}{2}x} + C$

(4) $\dfrac{1}{2}x\sin 2x + \dfrac{1}{4}\cos 2x + C$

(5) $-(3x+2)\cos x + 3\sin x + C$

(6) $\dfrac{3x}{\pi}\sin\dfrac{\pi}{3}x + \dfrac{9}{\pi^2}\cos\dfrac{\pi}{3}x + C$

(7) $\dfrac{1}{4}x^4\log x - \dfrac{1}{16}x^4 + C$

(8) $-\dfrac{1}{x}\log x - \dfrac{1}{x} + C$

(9) $2\sqrt{x}\log x - 4\sqrt{x} + C$

問 6.12

(1) $\dfrac{1}{15}(3x+5)^5 + C$

(2) $\dfrac{1}{3}\left(\dfrac{1}{3}x+2\right)^9 + C$

(3) $-\dfrac{1}{4(2x+5)^2} + C$

(4) $\dfrac{1}{5}\log|5x-3| + C$

(5) $-\dfrac{2}{3}\sqrt{(1-x)^3} + C$

(6) $\dfrac{1}{2}\sqrt{4x+1} + C$

(7) $\dfrac{1}{2}\sin(2x+3)+C$

(8) $-\dfrac{1}{\pi}\cos(\pi x-2)+C$

(9) $6\sin\left(\dfrac{x}{6}+1\right)+C$

問 6.13

(1) $\dfrac{1}{8}(x^2+1)^4+C$

(2) $\dfrac{1}{2}\log(x^2+2x+3)+C$

(3) $-\dfrac{1}{5}\cos^5 x+C$ (4) $\log|\sin x|+C$

(5) $\log(e^x+1)+C$ (6) $\sqrt{e^{2x}+1}+C$

(7) $\dfrac{1}{4}(\log x)^4+C$

(8) $-\dfrac{1}{1+x\log x}+C$

第 7 章 複素数

問 7.1

(1) $-6i$ (2) $-2\sqrt{3}$ (3) -3
(4) -3 (5) $8i$ (6) 1

問 7.2a

(1) $3i$ (2) $-\sqrt{3}i$ (3) $\dfrac{\sqrt{7}}{4}i$

問 7.2b

(1) -7 (2) $\sqrt{6}i$ (3) $-\sqrt{6}$

問 7.3

(1) $a=5, b=-4$ (2) $a=4, b=-3$

問 7.4

(1) $6+2i$ (2) $-1+7i$ (3) $-1+2\sqrt{2}i$
(4) 10 (5) 1 (6) $\dfrac{1-3i}{5}$
(7) $-i$ (8) $\dfrac{4+19i}{29}$

問 7.5

$(x-1)^2=-2$ より $x-1=\pm\sqrt{-2}=\pm\sqrt{2}i$. したがって, $x=1\pm\sqrt{2}i$

問 7.6

(1) $D=13>0$, 異なる 2 つの実数解
(2) $D=25>0$, 異なる 2 つの実数解
(3) $D=0$, 1 つの実数解（重解）
(4) $D=-23<0$, 異なる 2 つの虚数解
(5) $D=-8<0$, 異なる 2 つの虚数解
(6) $D=-3<0$, 異なる 2 つの虚数解

問 7.7

(1) $|1+2i|=\sqrt{5}$
(2) $|-3+2i|=\sqrt{13}$
(3) $|-3-5i|=\sqrt{34}$
(4) $|1-5i|=\sqrt{26}$

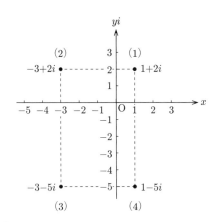

問 7.8

(1) $|-1+i|=\sqrt{2},\ \arg(-1+i)=\dfrac{3\pi}{4}$,
$-1+i=\sqrt{2}\left(\cos\dfrac{3\pi}{4}+i\sin\dfrac{3\pi}{4}\right)$

(2) $|1+\sqrt{3}i|=2,\ \arg(1+\sqrt{3}i)=\dfrac{\pi}{3}$,
$1+\sqrt{3}i=2\left(\cos\dfrac{\pi}{3}+i\sin\dfrac{\pi}{3}\right)$

(3) $|\sqrt{3}+i|=2,\ \arg(\sqrt{3}+i)=\dfrac{\pi}{6}$,
$\sqrt{3}+i=2\left(\cos\dfrac{\pi}{6}+i\sin\dfrac{\pi}{6}\right)$

(4) $|-3|=3,\ \arg(-3)=\pi$,
$-3=3(\cos\pi+i\sin\pi)$

(5) $|-2i|=2,\ \arg(-2i)=-\dfrac{\pi}{2}$,
$-2i=2\left\{\cos\left(-\dfrac{\pi}{2}\right)+i\sin\left(-\dfrac{\pi}{2}\right)\right\}$

問 7.9

(1) $|(1-i)(\sqrt{3}+i)|=2\sqrt{2}$,
$\arg\{(1-i)(\sqrt{3}+i)\}=-\dfrac{\pi}{12}$

(2) $\left|\dfrac{\sqrt{3}+i}{1-i}\right|=\sqrt{2},\ \arg\left(\dfrac{\sqrt{3}+i}{1-i}\right)=\dfrac{5\pi}{12}$

(3) $\left|\dfrac{\sqrt{3}-i}{(1-i)(1-\sqrt{3}i)}\right|=\dfrac{\sqrt{2}}{2}$,
$\arg\left\{\dfrac{\sqrt{3}-i}{(1-i)(1-\sqrt{3}i)}\right\}=-\dfrac{\pi}{12}$

演習問題解答　147

(4) $\left|2\left(\cos\dfrac{\pi}{9}+i\sin\dfrac{\pi}{9}\right)\right.$
$\left.\cdot 3\left(\cos\dfrac{5\pi}{9}+i\sin\dfrac{5\pi}{9}\right)\right|=6,$

$\arg\left\{2\left(\cos\dfrac{\pi}{9}+i\sin\dfrac{\pi}{9}\right)\right.$
$\left.\cdot 3\left(\cos\dfrac{5\pi}{9}+i\sin\dfrac{5\pi}{9}\right)\right\}=\dfrac{2\pi}{3}$

(5) $\left|\dfrac{8\left(\cos\dfrac{3\pi}{8}+i\sin\dfrac{3\pi}{8}\right)}{2\left(\cos\dfrac{\pi}{8}+i\sin\dfrac{\pi}{8}\right)}\right|=4,$

$\arg\left\{\dfrac{8\left(\cos\dfrac{3\pi}{8}+i\sin\dfrac{3\pi}{8}\right)}{2\left(\cos\dfrac{\pi}{8}+i\sin\dfrac{\pi}{8}\right)}\right\}=\dfrac{\pi}{4}$

問 **7.10**

(1) $-512-512\sqrt{3}i$ 　 (2) $-\dfrac{1}{8}+\dfrac{1}{8}i$

(3) $-\dfrac{1}{2}+\dfrac{\sqrt{3}}{2}i$

問 **7.11a**

(1) $z_0=\dfrac{-1+i}{\sqrt{2}},\quad z_1=\dfrac{1-i}{\sqrt{2}}$

(2) $z_0=i,\quad z_1=-\dfrac{\sqrt{3}}{2}-\dfrac{1}{2}i,$
$z_2=\dfrac{\sqrt{3}}{2}-\dfrac{1}{2}i$

(3) $z_0=\sqrt[4]{2}+\sqrt[4]{2}i,\quad z_1=-\sqrt[4]{2}+\sqrt[4]{2}i,$
$z_2=-\sqrt[4]{2}-\sqrt[4]{2}i,\quad z_3=\sqrt[4]{2}-\sqrt[4]{2}i$

(1) 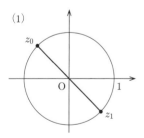 　 (2)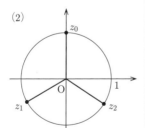

(3)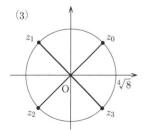

問 **7.11b**

(1) $z_0=\dfrac{1+i}{\sqrt{2}},\quad z_1=\dfrac{-1+i}{\sqrt{2}},$
$z_2=\dfrac{-1-i}{\sqrt{2}},\quad z_3=\dfrac{1-i}{\sqrt{2}}$

(2) $z_0=\sqrt{3}+i,\quad z_1=-1+\sqrt{3}i,$
$z_2=-\sqrt{3}-i,\quad z_3=1-\sqrt{3}i$

(1) 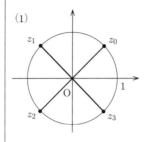 　 (2)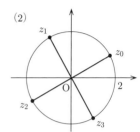

問 **7.12**

(1) $\dfrac{1}{\sqrt{2}}+\dfrac{1}{\sqrt{2}}i$ 　 (2) 1

(3) $-4\sqrt{3}-4i$

第8章　ベクトル

問 **8.1**

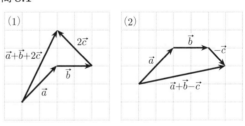

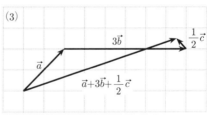

問 **8.2**

(1) $\overrightarrow{CF}=-2\vec{a}$ 　 (2) $\overrightarrow{AD}=2(\vec{a}+\vec{b})$

(3) $\overrightarrow{FD}=2\vec{a}+\vec{b}$

問 **8.3**

(1) $3\vec{a}+5\vec{b}$ 　 (2) $-\vec{a}-7\vec{b}$ 　 (3) $-\dfrac{1}{6}\vec{a}$

問 **8.4**

(1) $\vec{a}+\vec{b}=(2,6),\quad |\vec{a}+\vec{b}|=2\sqrt{10}$

148 演習問題解答

(2) $-5\vec{a}+3\vec{b}=(14,2)$, $\quad|-5\vec{a}+3\vec{b}|=10\sqrt{2}$

(3) $\dfrac{1}{2}\vec{a}-\dfrac{1}{3}\vec{b}=\left(-\dfrac{3}{2},-\dfrac{1}{3}\right)$,

$\quad\left|\dfrac{1}{2}\vec{a}-\dfrac{1}{3}\vec{b}\right|=\dfrac{\sqrt{85}}{6}$

問 8.5

(1) $\overrightarrow{OB}=(4,1)$, $\quad|\overrightarrow{OB}|=\sqrt{17}$

(2) $\overrightarrow{AB}=(2,4)$, $\quad|\overrightarrow{AB}|=2\sqrt{5}$

(3) $\overrightarrow{AO}=(-2,3)$, $\quad|\overrightarrow{AO}|=\sqrt{13}$

問 8.6

(1) $\overrightarrow{AB}\cdot\overrightarrow{BC}=2$ $\quad$ (2) $\overrightarrow{AB}\cdot\overrightarrow{CD}=-2$

(3) $\overrightarrow{AB}\cdot\overrightarrow{DF}=-6$ $\quad$ (4) $\overrightarrow{AB}\cdot\overrightarrow{DE}=-4$

問 8.7

(1) $\vec{a}\cdot\vec{b}=-2$ $\quad$ (2) $t=-2,3$

問 8.8

(1) $|\vec{a}+\vec{b}|=5\sqrt{2}$ $\quad$ (2) $|\vec{a}-\vec{b}|=\sqrt{30}$

(3) $|\vec{a}-3\vec{b}|=\sqrt{42}$

問 8.9

(1) $\cos\theta=\dfrac{1}{2}$, $\quad\theta=\dfrac{\pi}{3}$

(2) $\cos\theta=0$, $\quad\theta=\dfrac{\pi}{2}$

(3) $\cos\theta=-\dfrac{1}{2}$, $\quad\theta=\dfrac{2\pi}{3}$

(4) $\cos\theta=-1$, $\quad\theta=\pi$

問 8.10

(1) $(\pm6,\mp8)$ （複号同順）

(2) $\left(\pm\dfrac{4}{5},\pm\dfrac{3}{5}\right)$ （複号同順）

第 9 章　空間における直線，平面の方程式

問 9.1

(1) $(-4,3,3),\sqrt{34}$ $\quad$ (2) $(6,-4,2),2\sqrt{14}$

(3) $(2,-1,5),\sqrt{30}$ $\quad$ (4) $(10,-6,12),2\sqrt{70}$

(5) $(0,-1,-13),\sqrt{170}$

問 9.2a

(1) -8 $\quad$ (2) 23

問 9.2b

(1) $t=-\dfrac{1}{3}$ $\quad$ (2) $t=-1\pm\sqrt{7}$

問 9.3

(1) $\dfrac{x-3}{-2}=y+4=\dfrac{z-2}{3}$

(2) $x=3$, $\dfrac{y+4}{4}=\dfrac{z-2}{-5}$

(3) $x=3$, $y=-4$

問 9.4

(1) $\dfrac{x+1}{3}=y-2=\dfrac{z-3}{2}$

(2) $\dfrac{x-3}{2}=\dfrac{y-4}{-1}$, $z=-2$

問 9.5

(1) $2x+3y-z+7=0$

(2) $x+2y-z+3=0$

問 9.6

$2x+y+3z-14=0$

問 9.7

(1) $(-3,-3,0)$ $\quad$ (2) $(-1,2,2)$

問 9.8

(1) $(-6,-2,3)$ $\quad$ (2) $(16,-10,-14)$

問 9.9

$\dfrac{x+2}{8}=\dfrac{y}{2}=\dfrac{z-4}{-3}$

問 9.10

$3x+2y-z=5$

第 10 章　数列と無限級数

問 10.1

(1) $\displaystyle\lim_{n\to\infty}a_n=\lim_{n\to\infty}(-1)^n2^{-n}=0$ より 0 に収束する．

(2) $\displaystyle\lim_{n\to\infty}a_n=\lim_{n\to\infty}(-1)^n2^n$ より偶数項は $+\infty$ へ，奇数項は $-\infty$ へ発散するが，$\{a_n\}$ 自体は振動する．

(3) $\displaystyle\lim_{n\to\infty}a_n=\lim_{n\to\infty}\dfrac{n}{n+1}=1$ より 1 に収束する．

(4) $\displaystyle\lim_{n\to\infty}a_n=\lim_{n\to\infty}(-1)^n\dfrac{2n+1}{n+1}$ より偶数項は 2 へ，奇数項は -2 へ収束するが，$\{a_n\}$ 自体は振動する．

問 10.2

(1) $+\infty$ へ発散 $\quad$ (2) $\dfrac{2}{5}$ に収束

(3) 0 に収束 $\quad$ (4) $\dfrac{2}{3}$ に収束

(5) $\dfrac{3}{2}$ に収束

問 10.3

(1) 1 $\quad$ (2) -1 $\quad$ (3) $+\infty$

演習問題解答　　*149*

問 10.4

(1) $\dfrac{3}{2}$　　(2) $+\infty$

問 10.5

(1) $\dfrac{9}{11}$　　(2) $\dfrac{30}{37}$　　(3) $\dfrac{81}{110}$

問 10.6

(1) 収束条件は $-\dfrac{1}{2} < x < \dfrac{1}{2}$. 和は $\dfrac{1}{1-2x}$

(2) 収束条件は $0 < x < 2$.

　和は $\dfrac{1}{1-(1-x)} = \dfrac{1}{x}$

(3) 収束条件は $|\cos 2x| < 1$, すなわち x が $\dfrac{\pi}{2}$ の

　整数倍ではないとき. 和は $\dfrac{1}{\tan x}$

(4) 収束条件は $|\tan x| < 1$, すなわち $n\pi - \dfrac{\pi}{4} <$

　$x < n\pi + \dfrac{\pi}{4}$ (n は整数) のとき. 和は $\cos^2 x$

問 10.7

(1) $\dfrac{1}{1-\dfrac{3}{4}} + \dfrac{1}{1-\dfrac{1}{2}} = 6$

(2) $\dfrac{5}{1-\dfrac{1}{3}} - \dfrac{1}{1-\dfrac{2}{3}} = \dfrac{15}{2} - 3 = \dfrac{9}{2}$

第 11 章　集合と論理

問 11.1a

(1) 8 個　　(2) 64 個

問 11.1b

(1) $k \geqq 8$　　(2) $k < -1$

問 11.2

(1) $A = \{x \mid -2 \leqq x \leqq 5\}$,
　$B = \{x \mid -1 \leqq x \leqq 6\}$,
　$A \cap B = \{x \mid -1 \leqq x \leqq 5\}$,
　$A \cup B = \{x \mid -2 \leqq x \leqq 6\}$

(2) $A = \{x \mid -1 \leqq x \leqq 5\}$,
　$B = \{x \mid -2 \leqq x \leqq 6\}$,
　$A \cap B = \{x \mid -1 \leqq x \leqq 5\}$,
　$A \cup B = \{x \mid -2 \leqq x \leqq 6\}$

(3) $A = \{x \mid -2 \leqq x \leqq 1\}$,
　$B = \{x \mid x \leqq -1 \text{ または } 2 \leqq x\}$,
　$A \cap B = \{x \mid -2 \leqq x \leqq -1\}$,
　$A \cup B = \{x \mid x \leqq 1 \text{ または } x \geqq 2\}$

問 11.3

(1) $\overline{A} = \{x \mid x < -6 \text{ または } x > 5\}$,
　$\overline{B} = \{x \mid x < -1 \text{ または } x > 9\}$

(2) $\overline{A} \cap \overline{B} = \overline{A \cup B}$
　$= \{x \mid x < -6 \text{ または } x > 9\}$

(3) $\overline{A} \cup \overline{B} = \overline{A \cap B}$
　$= \{x \mid x < -1 \text{ または } x > 5\}$

問 11.4

省略

問 11.5a

(1) 10 個　　(2) 80 個　　(3) 40 個

問 11.5b

(1) 59 名

(2) 51 名　　（物理のみ 37 名, 化学のみ 14 名）

問 11.6

5 名

問 11.7

(1) 偽　　(2) 偽　　(3) 真　　(4) 偽

(5) 真　　(6) 偽

問 11.8

(1) $p(4)$ は偽, $p(8)$ は真, $p(13)$ は真

(2) $q(3)$ は真, $q(-3)$ は偽, $q(3\sqrt{3}\,)$ は偽

(3) $r(0)$ は真, $r(2)$ は真, $r(\sqrt{5}\,)$ は偽

問 11.9

(1) 仮定 : $x^2 = 9$, 結論 : $x = 3$, 偽

(2) 仮定 : $2x - 5 > 0$, 結論 : $x > 6$, 偽

(3) 仮定 : $x^2 < 4$, 結論 : $x < 2$, 真

(4) 仮定 : $x^2 - x - 2 = 0$, 結論 : $x \geqq -1$, 真

問 11.10

(1) 真（証明は略）　　(2) 偽（反例 : $a = \sqrt{3}$）

(3) 偽（反例 : $a = 2 + \sqrt{3}, b = 2 - \sqrt{3}$）

問 11.11

(1) （ア）　　(2) （ウ）　　(3) （ウ）

(4) （エ）　　(5) （ウ）　　(6) （イ）

問 11.12

(1) $P = \{1 + \sqrt{2},\ 1 - \sqrt{2}\,\}$

(2) $P = \{x \mid x < -3 \text{ または } x > 4\}$

(3) $P = \boldsymbol{R}$, つまり, 実数全体

問 11.13

(1) 条件 p : $|x| \leqq 1$ かつ $|y| \leqq 1$,
　q : $y \geqq 2x - 3$ の真理集合をそれぞれ P, Q
　とすると, 右図より $P \subset Q$ であるから, p な
　らば q が成り立つ.

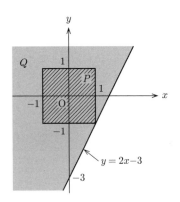

(2) 条件 $p : x+y \leqq 2$ かつ $x \geqq 0$ かつ $y \geqq 0$, $q : x^2+y^2 \leqq 4$ の真理集合をそれぞれ P, Q とすると, 右図より $P \subset Q$ であるから, p ならば q が成り立つ.

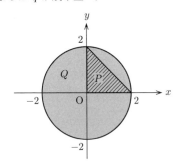

問 11.14

(1) 順に, $\{x \mid 1 \leqq x < 3\}$, $\{x \mid -2 < x \leqq 5\}$
(2) 順に, $\{x \mid 3 \leqq x < 4,$ または $5 < x \leqq 7\}$,
$\{x \mid x$ は実数$\}$ すなわち 実数全体

問 11.15

(1) $\overline{p} : x \leqq -3$ または $x \geqq 2$
(2) $\overline{p} : 2 < x < 6$

問 11.16

もとの命題は偽（反例は $x = -1$）

逆 「$x > 2$ ならば $x^2 > 2x$」 真
裏 「$x^2 \leqq 2x$ ならば $x \leqq 2$」 真
対偶 「$x \leqq 2$ ならば $x^2 \leqq 2x$」 偽
 （反例は $x = -1$）

問 11.17

対偶「a, b, c がいずれも奇数ならば, $a^2+b^2 \neq c^2$」が真であることを示す.

a, b, c がいずれも奇数ならば, a^2, b^2, c^2 はいずれも奇数であり, 左辺 a^2+b^2 は偶数, 右辺 c^2 は奇数となるから, $a^2+b^2 \neq c^2$. これより対偶は真であるから, もとの命題も真である.

問 11.18

$b \neq 0$ と仮定すると,
$$a+b\sqrt{3}=0 \quad から \quad \sqrt{3}=-\frac{a}{b}$$
である. この式において a, b が有理数であることから右辺 $\dfrac{a}{b}$ は有理数であり, 左辺 $\sqrt{3}$ は無理数であるので, 矛盾である.

したがって, $b=0$ であり, さらに, $a+b\sqrt{3}=0$ より, $a=0$ である.

索　引

● あ行

一般角	20
因数定理	5
因数分解	3
因数分解の公式	3
裏	131
n 乗	34
n 乗根	85
オイラーの公式	87

● か行

外積の性質	107
解と因数分解の関係	15
ガウス平面	80
仮定	125
加法定理	29
関数の増加・減少	50
偽	123
規約	6
逆	131
共通部分	119
共役複素数	78
極形式	81
極限値	109
極小値	50
極大値	50
極値	50
虚数	77
虚数単位	76
虚部	77
空間ベクトルの内積，直交条件	
	101
空集合	119
結論	125
原始関数	57
$y = \cos x$ のグラフ	27
弧度法	19

● さ行

最大・最小（微分）	52
$y = \sin x$ のグラフ	27
差の微分	48
三角関数	22
三角関数の間の基本的関係	24
三角関数の値の範囲	22
三角関数のグラフ	27
三角関数の性質	25
三角関数の典型的値	24
軸	14
指数	34
指数関数	37
指数関数のグラフ	37
指数法則（実数べき）	35
指数法則（整数べき）	34
指数方程式	42
自然対数	54
自然対数の底	54
実部	77
周期	25
周期関数	25
集合	118
収束	109
十分条件	126
純虚数	76
条件	124
商と余りの関係	3
真	123
真数	38
正弦関数	22
整式	1
正接関数	22
積分定数	57
積分の上端・下端	62
接線の方程式	48
絶対値	81
全体集合	120

● た行

増減表	50
対偶	131
対数	38
対数関数	43
対数関数のグラフ	43
対数の定義	38
対数の定義その 2	39
対数法則	40
対数方程式	42
たすき掛け	5
単位円	21
単位ベクトル	98
$y = \tan x$ のグラフ	27
置換積分の公式 1	72
置換積分の公式 2	73
置換積分の公式 3	74
頂点	13
頂点と最大最小	13
直線の方程式 (1)	102
直線の方程式 (2)	103
通分	6
底	38
定数倍の微分	48
定積分	62
定積分と面積	65
定積分の公式（定数倍・和）	62
定積分のその他の性質	62
底の変更	42
展開	1
展開公式	1
導関数	46
動径	21
度数法	19
度数法と弧度法の関係	19
ド・モアブルの定理	85
ド・モルガンの法則	121

152 索 引

● な行

内積	95
内積の性質	96
内積の成分表示	96
2 曲線間の面積	68
2 次関数	13
2 次不等式	17
2 次方程式の虚数解	79
2 次方程式の判別式	16, 80
ネイピアの数	54

● は行

背理法	133
発散	109
反例	126
必要条件	126
微分係数	45
微分公式	48
複素数	77
複素平面	80
不定積分	57
不定積分の公式（基本的な結果）	58
不定積分の公式（定数倍・和）	59
負の数の平方根	76, 77

部分集合	118
部分積分の公式	70
分数式	6
分数式の四則演算	6
分配法則	1
平行	90
平方完成	13
平方完成と解の公式	16
平方完成と放物線の頂点	13
平方完成を用いた 2 次方程式の解法	15, 79
平面の方程式 (1)	104
平面の方程式 (2)	105
ベクトルの大きさ	93
ベクトルの加法	89
ベクトルの計算規則	92
ベクトルの減法	90
ベクトルの実数倍	90
ベクトルの垂直条件	98
ベクトルの成分表示	93
ベクトルの成分を用いた計算	93
ベクトルの内積	95
ベクトルのなす角	94
ベクトルの平行条件	97
偏角	81
ベン図	119

包含関係	118
放物線	13
補集合	120

● ま行

交わり	119
無限集合	121
結び	119
命題	123

● や行

約分	6
有限集合	121
有理式	6
有理数乗	35
要素	118
余弦関数	22

● ら行

ラジアン	19
累乗	34, 35

● わ行

和集合	119
和の微分	48
割り切れる	3

著者一覧（五十音順）

千葉工業大学　教育センター数学教室

石井　卓　　石村 園子　　泉　英明
東條 晃次　　中澤 秀夫　　長崎 憲一
橋口 秀子　　花田 孝郎　　星野 慶介
山田 宏文　　横山 利章

教養の数学

2006 年 3 月 30 日	第 1 版　第 1 刷　発行
2007 年 3 月 30 日	第 1 版　第 2 刷　発行
2007 年 12 月 10 日	第 2 版　第 1 刷　発行
2025 年 3 月 30 日	第 2 版　第 13 刷　発行

編　　者　　「教養の数学」編集委員会
発 行 者　　発田和子
発 行 所　　株式会社　学術図書出版社

〒113-0033　　東京都文京区本郷 5 丁目 4 の 6
TEL 03-3811-0889　　　振替　00110-4-28454
印刷　三松堂（株）

定価はカバーに表示してあります.

本書の一部または全部を無断で複写（コピー）・複製・転
載することは，著作権法でみとめられた場合を除き，著作
者および出版社の権利の侵害となります. あらかじめ，小
社に許諾を求めて下さい.

© 「教養の数学」編集委員会　2006, 2007
Printed in Japan
ISBN978-4-7806-1347-6　　C3041